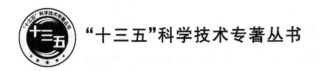

"十三五"科学技术专著丛书

太赫兹电磁超材料功能器件的设计与实现

亓丽梅　编著

U0290933

北京邮电大学出版社
www.buptpress.com

内 容 简 介

作者在指导研究生的过程中发现,在对超材料功能器件进行建模仿真的过程中,学生很容易出错,主要原因之一是缺乏一本完整且通俗易懂的专业书籍来引导他们。本书的主要目的是引导初学者完成超材料器件的设计流程,解决高等院校的老师指导超材料方向研究生的困扰。本书共分为两部分。第一部分介绍了 4 类太赫兹电磁超材料功能器件的设计、加工和测试过程,4 类太赫兹功能器件依次为滤波器、吸波器、电磁诱导透明结构和非对称传输器件。第二部分主要介绍了采用高频电磁仿真软件 CST 对 4 类功能器件进行建模、仿真和数据处理的详细步骤;此外,还介绍了如何采用 CST 完成超材料 S 参数的提取,并给出了相应的 Matlab 程序;最后,针对一维和二维周期结构色散曲线的求解给出了详细的 CST 和 HFSS 仿真步骤。

图书在版编目(CIP)数据

太赫兹电磁超材料功能器件的设计与实现 / 亓丽梅编著. -- 北京:北京邮电大学出版社,2019.9
(2023.9 重印)
ISBN 978-7-5635-5880-3

Ⅰ. ①太… Ⅱ. ①亓… Ⅲ. ①磁性材料—电子器件—研究 Ⅳ. ①TM27②TN6

中国版本图书馆 CIP 数据核字(2019)第 195582 号

书　　名:太赫兹电磁超材料功能器件的设计与实现
作　　者:亓丽梅
责任编辑:孙宏颖
出版发行:北京邮电大学出版社
社　　址:北京市海淀区西土城路 10 号(邮编:100876)
发 行 部:电话:010-62282185　传真:010-62283578
E-mail:publish@bupt.edu.cn
经　　销:各地新华书店
印　　刷:北京虎彩文化传播有限公司
开　　本:787 mm×1 092 mm　1/16
印　　张:12
字　　数:294 千字
版　　次:2019 年 9 月第 1 版　2023 年 9 月第 3 次印刷

ISBN 978-7-5635-5880-3　　　　　　　　　　　　　　　　定　价:49.00 元

前　言

太赫兹(THz)波是一种频率在 $0.3\sim 10\,\mathrm{THz}$ 之间的电磁波。太赫兹波独特的波长特性使得其在生物医学、材料学、信息科学以及光谱与成像技术等领域都有广阔的应用前景。但是,对于太赫兹功能器件,由于其结构尺寸和材料损耗等方面的限制,一些用于低频段的传统器件结构已不再适用。近年来,随着微纳加工技术的迅速发展,超材料(metamaterial)的出现为太赫兹技术的发展和应用提供了可行性。

超材料是指电磁参数(介电常数和磁导率)可人为设计控制的一类人工复合周期电磁结构,可以实现天然材料不具备的奇特物理性质(例如负折射率、超透镜、完美吸收等),它的出现弥补了太赫兹频段电磁材料的匮乏,使我们可以有效地控制太赫兹波的振幅、相位、偏振以及传输特性,为太赫兹频段功能器件的实现提供了有效途径,有望从根本上突破太赫兹技术的发展瓶颈。

目前,已有众多图书能够满足本科生或研究生对太赫兹波或电磁超材料的学习和了解,但是还没有图书专门介绍太赫兹频段超材料功能器件的设计和应用。此外,最重要的是,虽然学生对相关的文献能够理解,但是在具体的建模仿真上仍容易出错,出现的错误也很难在书上或网上找到明确的答案,从而很难顺利地完成从理论、设计、仿真、加工到实测的完整过程,难以快速并独立地完成科研项目。作者经过多年的科研和指导研究生的工作积累发现,导致这些问题的主要原因之一是缺乏一本完整且通俗易懂的专业书籍来引导学生。本书的内容不仅可以积极引导初学者完成完整的设计流程,还能解决高等院校的老师指导超材料方向研究生的困扰。

本书共分为两部分。第一部分介绍了 4 类太赫兹电磁超材料功能器件的设计、加工和测试过程,4 类太赫兹功能器件依次为滤波器、吸波器、电磁诱导透明结构和非对称传输器件。第二部分主要介绍了采用高频电磁仿真软件 CST 对 4 类功能器件进行建模、仿真和数据处理的详细步骤;此外,还介绍了如何采用 CST 完成超材料 S 参数的提取,并给出了相应的 Matlab 程序;最后,针对一维和二维周期结构色散曲线的求解给出了详细的 CST 和 HFSS 仿真步骤。

希望本书能够帮助学习超材料的初学者进一步理解和掌握一些重要的结论和分析方法,使其能够根据现有的文献很快地进行仿真模拟,为以后科研或工程的完成奠定扎实的基础;最终也盼望读者能够通过本书不再对超材料领域产生畏惧,不再对电磁场与电磁波、电磁器件等理论感到害怕,不再为不知如何进行仿真和仿真中遇到的错误而感到迷茫,并能通过实践对该领域产生兴趣。希望更多的有志青年在本书的引导下成为工业界或学术界超材料领域的佼佼者。

本书得到了国家自然科学基金面上基金(No. 61875017)、国家自然科学基金青年基金(No. 61107030)和毫米波国家重点实验室开放课题(No. K201703)的资助。本书的完稿要特别感谢我的博士生导师杨梓强教授、博士后合作导师方广有研究员和李超研究员,他们引领我走上了太赫兹超材料这条富有挑战和有意义的科研之路。毫不夸张地讲,没有导师之前对我多年学术工作细致而富有建设性的指导,没有我的研究生(陶翔、刘畅、王小彬、张雅雯、刘紫玉)提供的原始素材,我也就没有机会和勇气来公布建模的细节,期待未来超材料全行业共赢的局面。

在本书的撰写过程中,作者参考或引用了包含 CST、HFSS 和 Origin 在内的多家商业软件的相关技术资料,在此向这些技术资料的原著者及相应的软件公司表示由衷的感谢。

由于作者编写水平的限制和完稿时间的紧迫,书中难免有疏漏和不当之处,敬请广大读者批评指正,并提出宝贵的意见和建议(读者建议反馈邮箱 qilimei1204@163.com)。

编著者

于北京邮电大学

目　　录

第1部分　太赫兹电磁超材料功能器件的研究

第 2 部分　太赫兹超材料器件的仿真建模和数据处理

绪　　论

0.1　太赫兹波概述

太赫兹(Terahertz,THz)波通常是指频率范围在 $0.3\sim10$ THz 之间,波长范围在 $0.01\sim$ 3 mm 之间的电磁波[1]。太赫兹波位于电磁波谱上的一个特殊区域,如图 0-1 所示,其长波段与毫米波相重合,而短波段则与红外线有所交叠,这使得太赫兹波兼具微波和光波的一些特性[2],但又不能完全适用于低频微波理论和高频光学理论[3]。由于研究初期缺少有效的太赫兹产生源和灵敏探测器,故相关领域的研究成果较少,所以这一频段也被称为"太赫兹空隙"[4]。进入 21 世纪以来,随着半导体工艺和激光技术的日益成熟,稳定、可靠的太赫兹激发光源被成功地设计出来了,太赫兹技术也得到了迅速发展,成为备受瞩目的研究热点之一[5]。

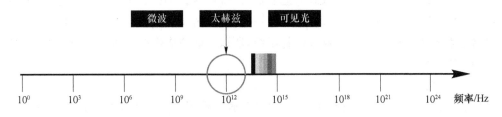

图 0-1　太赫兹波在电磁波谱中的位置

0.1.1　太赫兹波的特性

太赫兹波不仅兼具微波的穿透性和光波的良好操控性,还具备许多不同于传统光源的独特性质。

(1) 瞬态性[6]

太赫兹波的脉冲宽度通常集中在皮秒量级,故利用太赫兹波能够轻松地对多种材料进行时间分辨的研究。同时,利用频率过滤技术,可以有效地降低辐射噪声对结果的影响,相比于傅里叶变换红外光谱技术,其信噪比更高,拥有更好的稳定性。

(2) 宽带性[7]

太赫兹脉冲源在一般情况下只包含几个周期的电磁谐振,其中单个脉冲的频带能够从吉赫兹一直覆盖到几十太赫兹,可以大范围地分析物质的光谱信息。

(3) 相干性[8]

太赫兹波的产生方法主要有两种,一种是通过相干电流驱动的偶极子振荡生成,另一种则是通过相干的激光脉冲的非线性效应混合产生,使得太赫兹波具有极强的相干性。使用

1

太赫兹相干测量技术能够快速地获取电场的幅度、相位等信息,进而计算出被探测物体的折射率、吸收率等物理性质,大大地简化了传统测量方法的运算过程。

（4）低能量性[9]

太赫兹波的光子能量很低,在穿透物质时不会因为电离而伤害生物组织,从而在医学成像、无损检测等多个领域都具有潜在的应用价值。

（5）强穿透性[10]

太赫兹波对许多非极性材料(例如塑料瓶、纸盒等)都具有极强的穿透性,借助该特性,太赫兹波能普遍地应用于黑盒物品、危险品的安全检查工作。

0.1.2 太赫兹技术的应用

太赫兹波所具有的超凡特性,使其在成像、通信、雷达、频谱学等多个领域都具有重要的研究价值和广阔的应用前景。

（1）太赫兹成像

对于塑料、纸、陶瓷等非极性材料,可见光无法穿透,使用 X 射线成像技术则存在图像对比度不高的缺陷,而太赫兹波对这些材料具有非常强的穿透力,可以有效地填补现有技术的空白。太赫兹成像系统最早由 B. B. Hu 和 M. C. Nuss 于 1995 年提出[11],经过数十年的发展,相关技术已经在生活中的各个领域得到了广泛应用。比如:在安全检测领域,太赫兹波能够穿过表面覆盖物,对内部藏匿的危险品、爆炸物、毒品进行有效的鉴别;在建筑领域,太赫兹波可以对混凝土结构内部钢筋的腐蚀程度进行检测。此外,由于太赫兹波的低能量性,其穿透物质时不会损害人体或者生物组织,所以太赫兹成像技术也适用于生物医学领域的相关研究[12-13]。

（2）太赫兹通信

随着无线通信技术的不断发展,人们对空闲频谱资源的需求日益提升,发展太赫兹波段的通信技术成为必然趋势。与当今发展较为成熟的微波通信和光通信相比,太赫兹通信拥有更多的优异特性[14-15]:①太赫兹波频率高,通信容量大,更适用于宽带无线通信领域;②太赫兹波的波束较窄,具有良好的方向性,因此其抗干扰能力更强,安全性更高;③太赫兹波穿透性更强,可以大幅降低恶劣天气对通信系统的影响,实现全天候的工作效果;④太赫兹波波长短,天线尺寸相对较小,结构也不复杂,有利于节约成本。太赫兹通信的这些优异特性能够有效地解决现有通信技术中带宽和安全性的问题,在近距离战术通信、空间通信等特殊场景中具有重要的研究和应用价值。

（3）太赫兹雷达

现代化战争主要围绕信息展开,而雷达技术在信息化战争中具有十分重要的地位,只有准确、迅速地对敌方单位进行侦查与预警,保持对信息的控制权,才能在瞬息万变的战争中获得先机。与常规雷达相比,太赫兹雷达具有工作带宽大、波长短、波束窄的特点,拥有极高的"空、时、频"分辨力:在空间上成像分辨率高,能够对目标的细节进行精密刻画;在时间上成像帧率高,能够对目标进行实时成像和准确制导;在频谱上多普勒敏感,有利于微动探测和高精度速度估计[16-17]。最近,国防科技大学[18]设计了一种 0.22 THz 的车载 SAR 成像系统,利用太赫兹雷达成功地获取了自行车目标的清晰图像,如图 0-2 所示。除此之外,现有的军事隐形技术主要针对微波雷达系统,使用太赫兹雷达能够对隐形的目标进行侦测,起到反制的目的[19]。

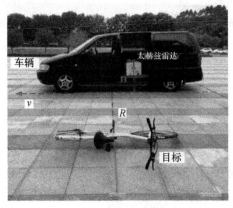 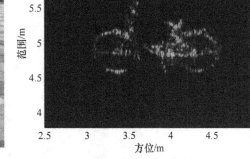

| (a) 车载SAR成像系统实物图 | (b) 自行车目标成像结果 |

图 0-2　车载 SAR 成像与结果

（4）太赫兹频谱学

太赫兹波丰富的频谱特征和宽带性使其在频谱学领域具有非常广阔的应用前景。一个典型的太赫兹脉冲能够覆盖非常宽的频率范围,其中就包含了许多轻分子的转动频率和大分子的振动频率[20]。同时众多半导体材料的等离子体频率也处于该频段内,所以太赫兹波可以用来表征半导体的载流子密度及迁移率[21]。此外,药品、爆炸物等极性材料在该频段内都具有非常丰富的频谱特征,通过对比待测样品与已知物质的频谱可方便地对样品材质进行鉴别。目前,太赫兹时域光谱技术已经在有机物、毒品、爆炸物的鉴别上取得了不错的成果[22]。

0.2　超材料概述

超材料(metamaterial)是一种人工设计的新型电磁材料,其一般由亚波长尺寸的周期阵列单元构成,其拥有许多不同于自然界中常规材料的超常物理特性[23-24]。超材料并不是一种新的材料形态,而是对自然界中的常规材料进行人工的组合设计,以实现其独特的物理性质。这是一种全新的设计理念,给人们对于材料的传统思维方式带来了很大的转变。对于超材料的研究最开始是围绕左手材料开展的。1968 年,俄罗斯物理学家 V. G. Veselago 预测了一种介电常数 ε 和磁导率 μ 同时为负值($\varepsilon<0,\mu<0$)的材料,并将其命名为左手材料(left-handedmaterial)[25]。电磁波在左手材料中传播时,电场 E、磁场 H 和波矢 k 满足左手螺旋关系,正好与电磁波在常规材料中的传播特性相反。Veselago 在理论上详细地分析了左手材料的超常物理性质,但在之后很长一段时间里没有人能够制备出具有这种特性的材料。直到1999 年,J. B. Pendry 等人提出了能够单独实现负介电常数或者负磁导率的原理模型,并在此基础上设计了一种具有磁响应的开口谐振环(Split Ring Resonator,SRR)结构[26]。之后,R. A. Shelby 等人首次在实验中验证了左手材料的存在[27],如图 0-3 所示。2001 年,美国加利福尼亚大学在实验室中制造出了世界上第一个负折射率超材料,并通过

3

实验证明了负折射现象与负折射率。2002年,麻省理工学院从理论上证明了"左手材料"存在的合理性,预言了这种人工材料在高指向天线、微波波束聚焦、电磁波隐身等方面的应用前景。2006年杜克大学制造了能在光波下隐形的"隐身外衣"。2007年,著名出版社Elsevier发行了新期刊 *Metamaterials*,这标志着超材料学科的诞生。2009年宽频段的隐身衣出现了。2010年电磁黑洞被发现了。

图 0-3　Shelby 等人设计的超材料样品图[27]

0.2.1　超材料的特性

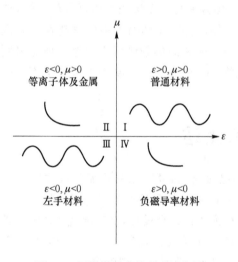

图 0-4　不同媒质中的电磁波特性

根据当代电磁理论,电磁波在媒质中的传播特点主要取决于磁导率 μ 和介电常数 ε 等参数,所以当对某种媒质材料进行电磁参量分析时,最先考虑的便是磁导率 μ 和介电常数 ε。通常媒质可划分成 4 个象限,如图 0-4 所示。在第一象限中,$\varepsilon>0,\mu>0$,自然界中的绝大部分材料均处于这一象限。有少部分材料在某些状态下会处于第二象限($\varepsilon<0,\mu>0$),如等离子体及位于特定频段的部分金属。当 $\varepsilon<0,\mu>0$ 时,折射率 n 为虚数,这意味着在这种材料中电磁波只能是消逝波(evanescent waves)。因此,电磁波只能在折射率为实数的材料中传播。处于第四象限中的材料,其 $\varepsilon>0,\mu<0$,因而折射率为虚数。电磁波入射到处于第四象限中的材料的行为与入射到处于第二象限中的材料的行为相似。在第三象限中,$\varepsilon<0,\mu<0$,折射率 n 为实数。此时,Maxwell 方程仍然允许电磁波在材料中传播,但材料的折射率 n 必须取负值,与第一象限中材料的电磁波传播性质完全不同。在第三象限的材料中,电磁波的波矢和能流方向是反平行的,也就是说电磁波的群速和相速是反平行的。

通常电磁波只能在折射率为实数的材料中传播。若 ε 和 μ 中只有一个为负值,则折射率为虚数,电磁波在材料中将由于只存在消逝波而不能传播。若材料的 ε 和 μ 均小于零,电磁波在材料中是可以传播的,但材料的折射率必须取负值,并且电磁波的群速和相速反平行。

超材料有许多奇特的物理特性,比如负折射效应、逆多普勒效应、完美透镜效应等。

(1)负折射效应

如图 0-5 所示,由 Snell 定律可知:$n_1 \sin \theta_1 = n_2 \sin \theta_2$。①当 $n_1 > 0$,$n_2 > 0$ 时,$\theta_2 > 0$,即入射光线与折射光线位于分界面法线的两侧,如图 0-5(a)所示。②当 $n_1 > 0$,$n_2 < 0$ 时,那么入射光线与折射光线位于法线的同侧,如图 0-5(b)所示。第②种情况相当于折射角为负,故称为"负折射"[28]。

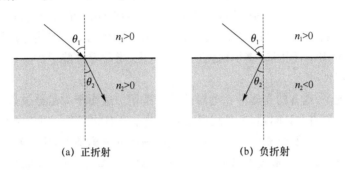

（a）正折射　　　　　　　　　（b）负折射

图 0-5　超材料的负折射现象

(2)逆多普勒效应

若光源发出频率为 ω_0 的光,而侦测器以速度 υ 接近光源,在一般介质之中,侦测器所接收到的电磁波频率将比 ω_0 高。而在左手材料中,因为能量传播的方向和相位传播的方向正好相反,所以如果两者相向而行,观察者接收到的频率会降低,则会收到比 ω_0 低的频率,反之则会升高,从而出现逆多普勒效应。

(3)完美透镜效应

超材料透镜是一类典型的颠覆性技术。传统透镜受到衍射极限的约束,光学器件无法对尺度小于半个工作波长的物体成像,其深层物理原因是常规介质中消逝波的衰减。2000年,Pendry[29]在理论上提出了负折射材料可以用于制作超透镜的想法,并证明了当介质的介电常数为负数时,电磁波中的消逝波成分会被放大,其中所携带的信息就可以在负折射率介质材料中传播。由负折射材料制备的平板具有成像的功能,物体 A 发射出的光线会经负折射率平板前后界面两次折射后重新汇聚在 B 处,进而实现无衍射极限的成像,其示意如图 0-6 所示。

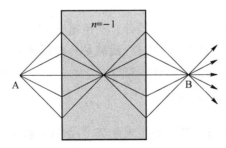

图 0-6　超材料的完美透镜效应

0.2.2　超材料的应用

通过调整超材料单元结构的几何参数,就可以调整超材料的磁导率、电导率、介电常数等物理特性,为各种新型功能器件的实现带来了曙光。同时,随着微细加工技术的飞速发展,超材料所能应用的频段范围得到进一步的扩充,这给超材料的应用提供了更多可能。超材料的应用涉及微波器件、太赫兹器件、电磁隐身、传感器和天线等多个领域。

(1) 微波器件

传统微波器件的大小和介质厚度与入射电磁波的波长直接相关,一般是 1/2 或 1/4 波长,而超材料对电磁波的吸收取决于该结构对电磁波的电响应和磁响应,这就导致吸收特定频段电磁波的超材料的尺寸可以比 1/4 波长小很多。因此可以制作结构紧凑的器件,这大大地减小了器件的体积,同时改善了电路的频带宽度、增益等性能[30-31]。

(2) 太赫兹器件

在太赫兹系统中,现有的光器件和电器件都不适用。适用于太赫兹波段的功能器件的缺乏是太赫兹技术面临的主要问题,也是阻碍太赫兹技术发展的瓶颈。对于超材料来说,通过改变其单元谐振结构、尺寸及组成成分就可以实现所需要的电磁参数,所以基于超材料、通过人工方法来制备太赫兹器件是解决太赫兹瓶颈的一个途径。如今,随着微结构制造工艺的不断发展,在太赫兹波段的超材料器件的制备方面已经取得了较大进展,现在已经出现了基于超材料的各种各样的太赫兹器件[32-33],如太赫兹滤波器、太赫兹吸波器、太赫兹调制器等。

(3) 电磁隐身[34-35]

超材料隐身技术可以分为两大类,一类是吸波隐身,另一类是透波隐身。超材料吸波隐身技术通过设计超材料使其对电磁波表现强烈的吸收特性,制备出具有强吸波效应的吸收剂,还可以与传统吸波材料复合制备出新型复合吸波材料,使材料满足微波隐身“薄、轻、宽、强”的要求,利用超材料吸波层与自由空间的阻抗匹配,大幅度减小反射波强度,进而达到隐身的效果。与传统隐身技术相比,超材料透波隐身的特点是靠引导电磁波,而不是靠吸收电磁波,因此,它没有目标影子,是国防军工领域的一项颠覆性技术,得到了各国军工界的广泛重视。

(4) 传感器

超材料传感器作为一种新型的检测手段,能够突破传统传感器的分辨率极限,实行无标记检测[36-37]。目前太赫兹波段生物传感器的研究已经引起了人们的广泛关注。超材料传感器有以下几个优点:样品用量少,灵敏度高;无须加入其他试剂,可无标记检测;响应快,测量简单。

(5) 天线

天线是超材料应用较为成功的一类器件。利用超材料超常的电磁性质和高度可设计的特点,人们成功地开发出了多种具有高性能、能满足各种特殊要求的天线,实现了天线的小型化、高效、高增益、共型化、高信号选择等特性[38-39]。

0.2.3　超材料的技术难点

超材料的应用可能导致众多领域的技术变革,目前这些技术变革正处于酝酿阶段,值得密切关注和期待。超材料作为一大类全新的材料系统,从它的研发到产生的颠覆性技术需克服一系列技术障碍,主要体现在以下几点[40]。

（1）超材料的模拟设计技术

目前超材料的研究以原理性探索为主,模拟仿真技术基于简单模型和通用的模拟软件,而实际应用的器件设计需要考虑多种因素、多场耦合和海量计算,各种超材料的专用设计技术尚需进一步发展。

（2）超材料的制备技术

超材料的制备需要精密的材料加工,特别是一些电磁超材料(如太赫兹以上频率的电磁超材料)的制备依赖于相关加工技术的进步。

（3）大尺寸超材料的工程可行性和服役性能

超材料由大量的人工周期单元构成,这种单元阵列的可工程化及其服役性能(如机械性能、热性能等)是其应用的难点,例如,利用电磁斗篷实现军事目标的完美隐身需要在其外面包覆较厚的超材料"铠甲",如何将其减薄是一个重要难题。

0.2.4 超材料常用的仿真软件

仿真软件在超材料研究领域中是一类不可缺少的科研工具。在超材料的仿真研究中经常用到的软件有电磁场仿真软件、多物理场建模与仿真类高级数值仿真软件等。

① CST(Computer Simulation Technology)软件是全球最大纯电磁场仿真软件公司CST出品的三维全波电磁场仿真软件[41]。CST工作室套装是面向 3D 电磁场、微波电路和温度场设计工程师的一款最有效、最精确的专业仿真软件包,共包含 7 个工作室子软件,集成在同一平台上,可以为用户提供完整的系统级和部件级的数值仿真分析。该软件覆盖整个电磁频段,提供完备的时域和频域全波算法。其典型应用包含各类天线/RCS、EMC/EMI、场路协同、电磁温度协同和高低频协同仿真等。在超材料仿真中,通常采用 CST MICROWAVE STUDIO(CST MWS,CST 微波工作室)。它是 CST 软件的旗舰产品,广泛应用于通用高频无源器件仿真,可以进行雷击(Lightning)、强电磁脉冲(EMP)、静电放电(ESD)、EMC/EMI、信号完整性/电源完整性(SI/PI)、TDR 和各类天线/RCS 仿真。结合其他工作室,如导入 CST PCB STUDIO 和 CST CABLE STUDIO 空间三维频域幅相电流分布,可以完成系统级电磁兼容仿真。与 CST DESIGN STUDIO 实现 CST 特有的纯瞬态场路同步协同仿真。

② HFSS(High Frequency Structure Simulator)软件是由美国 Ansoft 公司研究开发,基于有限元法原理设计的一款三维电磁仿真软件[42]。该软件能提供有效快捷的三维电磁场仿真求解方案。HFSS 软件能对微波无源器件及天线的物理结构参数进行全参数化建模和参数自动化扫描下的全波三维电磁场仿真,并能利用参数自动化扫描达到所需结果设计性能的最优化,精确给出所设计器件的参数。例如:HFSS 可以计算天线参量,比如增益、方向性、远场方向图剖面、远场 3D 图和 3 dB 带宽;绘制极化特性,包括球形场分量、圆极化场分量、Ludwig 第三定义场分量和轴比。

③ COMSOL Multiphysics 软件在多物理场建模与高级数值仿真类软件领域有较高的市场占有率[43]。该软件广泛应用于各个领域的科学研究以及工程计算,被称为"第一款真正的任意多物理场直接耦合分析软件"。COMSOL Multiphysics 以有限元法为基础,通过求解偏微分方程(单场)或偏微分方程组(多场)来实现真实物理现象的仿真,COMSOL Multiphysics 含有大量预定义的物理应用模式,范围涵盖从流体流动、热传导到结构力学、

电磁分析等多种物理场,用户可以快速建立模型。COMSOL Multiphysics 中定义的模型非常灵活,材料属性、源项以及边界条件等可以是常数、任意变量的函数、逻辑表达式或者直接是一个代表实测数据的插值函数等,这些功能对于超材料的设计与研究非常有用。

0.3　本书安排

综上所述,太赫兹技术的应用前景广阔,但在太赫兹系统中,现有的光器件和电器件都不适用,从而阻碍了太赫兹技术的进一步发展。而超材料的出现给太赫兹技术的实现与应用提供了无限可能,这两个学科交叉前进又各自发展,同时研究这两大前沿领域会带来意想不到的相互促进的效果。随着微结构制造工艺的不断发展,在太赫兹波段的超材料器件的制备已经取得了较大进展。目前,越来越多的学生和科研工作者开始投入到太赫兹超材料功能器件的研究中来。但是对于初学者来说,基于超材料的太赫兹功能器件的仿真和实现目前仍然是一个很大的挑战,虽然在网上能搜集到不少相关资料,但是很多关键的操作步骤均已被省略,从而遇到各种各样很难解决的问题。

本书除介绍笔者在太赫兹功能器件方面所做的主要工作外,还给出了所设计或加工模型的 CST 或 HFSS 详细建模和数据处理过程,使初学者能够根据现有资料或其他文献很快地进行仿真模拟,为以后科研或工程的实现奠定扎实的基础。最终也盼望读者能够通过本书不再对超材料领域产生畏惧,不再对电磁场与电磁波、电磁器件等理论感到害怕,不再为不知如何进行仿真和仿真中遇到的错误而感到迷茫,通过实践对该领域产生兴趣。希望更多的有志青年在本书的引导下成为超材料领域的佼佼者。

本书共分为两部分,第一部分对太赫兹器件的仿真设计和加工测试进行了详细介绍,第二部分主要针对第一部分的器件分别给出了仿真的详细建模步骤。凡是会软件基本操作的学者都可以根据给出的步骤,一步步地完成器件的建模、仿真和数据处理。其中第1部分的第1章介绍了太赫兹超材料带通滤波器的设计、加工和测试过程。第2章介绍了太赫兹超材料吸波器的设计、加工以及测试过程。第3章介绍了太赫兹超材料电磁诱导透明结构的设计、加工和测试过程。第4章介绍了太赫兹超材料非对称传输器件的设计过程。第2部分的第5、6、7、8章分别给出了对应第1部分第1、2、3、4章中的一个模型的详细建模和仿真过程。第9章给出了常用的超材料 S 参数提取的仿真步骤和过程。第10章介绍了一维周期结构色散曲线的求解过程。第11章给出了采用两种仿真软件获取二维周期结构色散曲线和传输曲线的具体仿真步骤。

本章参考文献

[1]　崔万照. 电磁超介质及其应用[M]. 北京:国防工业出版社,2008.

[2]　Ferguson B,Zhang X C. Materials for terahertz science and technology [J]. Nature Materials,2002,1(1):26-33.

[3]　赵国忠. 太赫兹科学技术研究的新进展[J]. 国外电子测量技术,2014,33(2):1-6.

[4]　杨鹏飞,姚建铨,邴丕彬,等. 太赫兹波及其常用源[J]. 激光与红外,2011,41(2):125-131.

[5] 朱礼国,孟坤,彭龙瑶,等. 美国核武器实验室太赫兹技术与应用研究[J]. 太赫兹科学与电子信息学报,2013,11(4):501-506.

[6] 赵国忠. 太赫兹光谱和成像应用及展望[J]. 现代科学仪器,2006(2):36-40.

[7] 赵康. 太赫兹技术的研究和展望[J]. 西南民族大学学报(自然科学版),2011(S1):140-143.

[8] 宋美臻. 基于 CST 仿真的宽带超材料结构及其实验研究[D]. 成都:电子科技大学,2018.

[9] 魏华. 太赫兹探测技术发展与展望[J]. 红外技术,2010,32(4):231-234.

[10] 朱彬,陈彦,邓科,等. 太赫兹科学技术及其应用[J]. 成都大学学报(自然科学版),2008,27(4):304-307.

[11] Hu B B,Nuss M C. Imaging with terahertz waves [J]. Optics Letters,1995,20(16):1716-1718.

[12] 张明月,吴岩印,肖征. 太赫兹在医学检测中的应用和进展[J]. 医疗卫生装备,2013,34(5):84-86.

[13] 张卓勇,张欣. 太赫兹光谱和成像技术在生物医学领域研究与应用[J]. 光谱学与光谱分析,2018,38(S1):316-317.

[14] 安国雨. 太赫兹技术应用与发展研究[J]. 环境技术,2018(2):25-28.

[15] 顾立,谭智勇,曹俊诚. 太赫兹通信技术研究进展[J]. 物理,2013,42(10):695-707.

[16] 王宏强,邓彬,秦玉亮. 太赫兹雷达技术[J]. 雷达学报,2018(1):1-21.

[17] 吕治辉,张栋文,赵增秀,等. 太赫兹雷达技术研究[J]. 国防科技,2015,36(2):23-26.

[18] Yang Q,Qin Y L,Zhang K,et al. Experimental research on vehicle-borne SAR imaging with THz radar [J]. Microwave and Optical Technology Letters,2017,59(8):2048-2052.

[19] Siegel P H. Terahertz technology [J]. IEEE Transactions on Microwave Theory and Techniques,2002,50(3):910-928.

[20] 谭思宇. 太赫兹高折射率超材料及吸收体传感特性的研究[D]. 北京:北京交通大学,2018.

[21] Zhang W,Azad A K,Grischkowsky D. Terahertz studies of carrier dynamics and dielectric response of n-type,freestanding epitaxial GaN [J]. Applied Physics Letters,2003,82(17):2841-2843.

[22] Davies A G,Burnett A D,Fan W,et al. Terahertz spectroscopy of explosives and drugs [J]. Materials Today,2008,11(3):18-26.

[23] Zheludev N I. The road ahead for metamaterials [J]. Science,2010,328(5978):582-583.

[24] 张检发,袁晓东,秦石乔. 可调太赫兹与光学超材料[J]. 中国光学,2016,7(3):349-364.

[25] Veselago V G. The electrodynamics of substances with simultaneously negative values of ε and μ [J]. Physics-Uspekhi,1968,10(4):509-514.

［26］ Pendry J B,Holden A J,Robbins D J,et al. Magnetism from conductors and enhanced nonlinear phenomena［J］. IEEE Transactions on Microwave Theory and Techniques，1999,47(11)：2075-2084.

［27］ Shelby R A,Smith D R,Schultz S. Experimental verification of a negative index of refraction［J］. Science,2001,292(5514)：77-79.

［28］ Kaina N,Lemoult F,Fink M,et al. Negative refractive index and acoustic superlens from multiple scattering in single negative metamaterials［J］. Nature,2015,525(7567)：77-81.

［29］ Pendry J B. Negative refraction makes a perfect lens［J］. Physical Review Letters,2000,85(18)：3966-3969.

［30］ Cui T J. Microwave metamaterials［J］. National Science Review,2017,5(2)：134-136.

［31］ Ramya S,Srinivasa R I. A compact ultra-thin ultra-wideband microwave metamaterial absorber［J］. Microwave and Optical Technology Letters,2017,59(8)：1837-1845.

［32］ Tao H,Strikwerda A C,Fan K,et al. Terahertz metamaterials on free-standing highly-flexible polyimide substrates［J］. Journal of Physics D：Applied Physics, 2008, 41(23)：232004.

［33］ Chen H T,Padilla W J,Zide J M O,et al. Active terahertz metamaterial devices［J］. Nature,2006,444(7119)：597-600.

［34］ Shin D,Urzhumov Y,Jung Y,et al. Broadband electromagnetic cloaking with smart metamaterials［J］. Nature Communications,2012(3)：1213.

［35］ Schittny R,Kadic M,Bückmann T,et al. Invisibility cloaking in a diffusive light scattering medium［J］. Science,2014,345(6195)：427-429.

［36］ Chen T,Li S Y,Sun H. Metamaterials application in sensing［J］. Sensors,2012,12(3)：2742-2765.

［37］ Lee Y,Kim S J,Park H,et al. Metamaterials and metasurfaces for sensor applications［J］. Sensors,2017,17(8)：1726.

［38］ Jiang M,Chen Z N,Zhang Y,et al. Metamaterial-based thin planar lens antenna for spatial beamforming and multibeam massive MIMO［J］. IEEE Transactions on Antennas and Propagation,2017,65(2)：464-472.

［39］ Rezaeieh S A,Antoniades M A,Abbosh A M. Gain enhancement of wideband metamaterial-loaded loop antenna with tightly coupled arc-shaped directors［J］. IEEE Transactions on Antennas and Propagation,2017,65(4)：2090-2095.

［40］ 周济,李龙土. 超材料技术及其应用展望［J］. 中国工程科学,2018,20(6)：69-74.

［41］ 张敏. CST 微波工作室用户全书［M］. 成都：电子科技大学出版社,2014.

［42］ 李明洋. HFSS 电磁仿真设计应用详解［M］. 北京：人民邮电出版社,2010.

［43］ 马慧,王刚. COMSOL Multiphysics 基本操作指南和常见问题解答［M］. 北京：人民交通出版社,2009.

第1部分　太赫兹电磁超材料功能器件的研究

第1章　太赫兹超材料带通滤波器

1.1　前　　言

带通滤波器在太赫兹成像技术、信息通信等领域具有广阔的应用前景。随着超材料技术研究的不断深入，近年来陆续提出的基于超材料的太赫兹带通滤波器的实现，在很大程度上促进了应用于太赫兹波段的滤波器的发展。但是，目前仍有很多物理和技术问题需要进一步探索和研究，特别是宽带和多波段带通滤波器的设计和实现。这两种结构的设计可以在单周期结构的一个平面上，引入多个不同谐振结构，利用三维高频仿真软件（CST 或 HFSS）进行优化，使其对应的谐振频率非常接近，形成宽频带；或者谐振频率距离较远，形成多频带；或者在单周期结构中引入多个谐振层，通过优化使层间的谐振耦合，形成宽带或多频带谐振。

对于宽带带通滤波器，2012 年，Lu 等[1]设计了一种中心频率为 0.25 THz 的双层方形四裂缝结构的金属-介质-金属带通滤波器，在 0.227~0.283 THz 插入损耗为 2.5 dB。2014 年，Lan 等[2]对四裂缝互补型电感电容式谐振单元结构进行了改进，提高滤波性能的同时增加了单晶石英介质衬底的厚度，在 3 dB 滤波范围 0.315~0.48 THz 实现了宽带滤波。2015 年，A. Ebrahimi[3]等提出了介质-金属-介质-金属-介质五层结构的宽带带通滤波器，模拟得到的滤波器的中心频率为 0.42 THz，相对带宽为 45%。2018 年，Li 等[4]加工了双层频率选择表面结构，实现了以 0.4 THz 为中心频率，3 dB 带宽范围为 1 THz 的太赫兹带通滤波器。

对于多波段带通滤波器结构，2015 年，Chen 等[5]采用了金属-介质-金属结构。其金属谐振单元由 3 个嵌套的矩形方环组成，三波段带通滤波器通带范围分别为 0.64~0.79 THz、1.02~1.20 THz、1.89~1.99 THz。2015 年，笔者提出了一种金属-介质结构的三波段带通滤波器[6]，金属谐振单元由 3 个圆形方环构成，测试发现在 0.44 THz、0.71 THz 和 0.89 THz 频率位置处有 3 个透射峰，对应的插入损耗分别为 0.96 dB、1.36 dB 和 3.35 dB。同年，笔者采用激光打孔技术加工并测试了一种在钼上周期穿矩形孔和十字孔的双频段带通滤波器[7-8]。2017 年，Wang 等[9]设计了一种三频段的可调太赫兹带通滤波器，该带通滤波器由硅、金属、石墨烯组成多层结构，各频段的中心频率分别为 2.93 THz、4.52 THz 和 5.79 THz，该带通滤波器可以通过调节石墨烯的化学势实现谐振频率的可调性。2018 年，笔者通过在介质基板的两侧使用相同的四裂缝互补电感-电容金属层，加工并测试了一种具有较好带外抑制性能的宽带双频段的太赫兹滤波器[10]，两通带的中心频率分别为 0.35 THz 和 0.96 THz，3 dB 相对带宽分别为 31% 和 17%。

本章主要介绍笔者加工并测试的多波段带通滤波器。其中第一部分介绍采用电子束曝光技术得到的石英-金属结构的多波段带通滤波器,第二部分介绍通过激光打孔实现的矩形孔和十字孔结构的双波段带通滤波器。

1.2 基于石英-金属结构的多波段带通滤波器的研究

1.2.1 结构模型

多波段带通滤波器周期单元的结构示意如图 1-1(a)所示,它由两层结构组成,其中顶层是将 $0.2~\mu m$ 厚的铝层去掉 3 个同心圆铝环,底层是 $t=200~\mu m$ 厚的石英基底。石英的相对介电常数和介电损耗分别为 $\varepsilon_r=4.41$ 和 $\tan\delta=0.0004$。图 1-1(b)和图 1-1(d)分别给出了 3 个和两个同心圆环结构的滤波器的俯视图。其中 3 个环的尺寸分别为 $P=60,R_1=60,R_2=42,R_3=2,w_1=10,w_2=8$ 和 $w_3=5$(所有尺寸以 μm 为单位)。双环结构除了缺少第三环外,其余尺寸与三环结构相同。图 1-1(c)和图 1-1(e)分别显示了采用电子束曝光技术加工得到的三圆环和双圆环带通滤波器的光学显微图像。

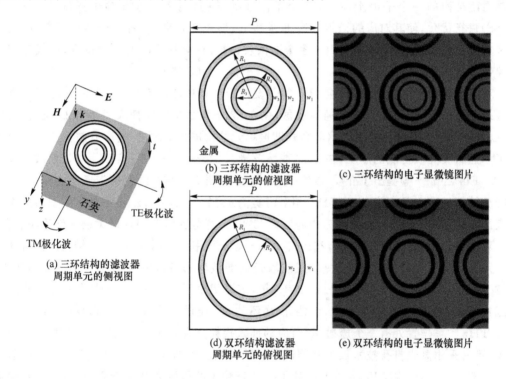

(a) 三环结构的滤波器
周期单元的侧视图

(b) 三环结构的滤波器
周期单元的俯视图

(c) 三环结构的电子显微镜图片

(d) 双环结构滤波器
周期单元的俯视图

(e) 双环结构的电子显微镜图片

图 1-1 多波段带通滤波器

加工时,首先使用溅射技术(Kurt Lesker,Lab 18)在干净的 $200~\mu m$ 厚的石英基底上沉积 200 nm 厚的铝层,然后使用电子束曝光技术在铝层上作出对应的图案。加工滤波器的周期单元为 $160~\mu m$,图形区域包含 75×75 个周期单元,这样在 $12~mm\times12~mm$ 的区域内形成了滤波结构,并具有良好的结构均匀性。在设计时,首先采用商用软件 CST MICROWAVE STUDIO 来模拟滤波器的传输特性。在频域求解器中使用自适应四面体来划分网格,在 x

和 y 方向设置周期性边界条件,在 z 方向上采用 open(add space)边界,这样在垂直入射的 z 方向上,软件会将波端口自动添加到结构的两侧。在建模时,铝的电导率设置为 $\sigma=3.72\times 10^7$ S/m,石英的介电常数和介电损耗分别设置为 $\varepsilon_r=4.41$ 和 $\tan\delta=0.0004$。

1.2.2 结果分析

图 1-2(a)和图 1-2(b)分别给出了三环和双环结构在垂直入射时对应的传输曲线,其中实线和虚线分别表示实验测试和模拟结果。在图 1-2(a)对应的三环结构中,测试曲线在 0.44 THz、0.71 THz 和 0.89 THz 3 个频率点处各有一个通带,对应的插入损耗分别为 0.96 dB、1.36 dB 和 3.35 dB。在模拟结果中,3 个传输峰值出现在 0.43 THz、0.70 THz 和 0.92 THz 处,对应的插入损耗分别为 0.66 dB、0.94 dB 和 1.97 dB。而对于双环结构,测试得到的两个通带频率分别位于 0.44 THz 和 0.76 THz 处,对应的插入损耗分别为 1.41 dB 和 0.62 dB。在模拟结果中,两个通带分别出现在 0.43 THz 和 0.74 THz 处,对应的插入损耗分别为 0.63 dB 和 0.37 dB。因此,两种结构的模拟与测试的中心频率吻合较好。然而,测试结果的传输曲线存在轻微偏移,这可能是因为加工的样品尺寸与实际模拟的参数值略有不同。此外,在模拟时,一般采用周期边界,而在实际测试时,对应的结构周期有限,从而也可能造成模拟和测试的差异。

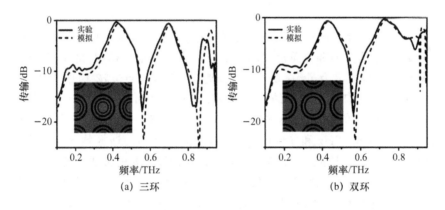

图 1-2 三环和双环结构带通滤波器测试和模拟传输曲线的比较

为了让读者更好地理解该滤波器的物理机理,图 1-3 给出了单环、双环和三环结构对应的传输曲线,其中点线、短划线和实线分别对应单环、双环和三环的结果,其具体结构参数见表 1-1。可见,每种环结构都表现出带通特性。其中单环结构在 0.73 THz 频率处具有带通特性,对应的 3 dB 带宽为 10.6%,但在 0.64~0.85 THz 之间两侧的带外抑制仅为 6.4 dB。对于双环结构,除了在 0.73 THz 频率附近 0.74 THz 处出现一个通带外,在 0.43 THz 处也出现一个新的通带,对应的 3 dB 带宽为 20.6%。此外,第二频带 0.74 THz 处左侧的带外抑制迅速增加,而右侧则减弱。在双环结构中添加第三个小环($R_3=27~\mu m$),在 0.92 THz 处又出现了第三个窄通带,可见三环结构对应的中间通带的带外抑制特性增加了。因此,环的叠加不仅增加了通带的数量,而且提高了中间频带的带外抑制,使滤波器具有更好的通带滤波特性。

表 1-1　3 种圆环带通滤波器的结构参数

结　构	$P/\mu m$	$R_1/\mu m$	$R_2/\mu m$	$R_3/\mu m$	$w_1/\mu m$	$w_2/\mu m$	$w_3/\mu m$
单环	160		42				8
双环	160	60	42		10	8	
三环	160	60	42	27	10	8	5

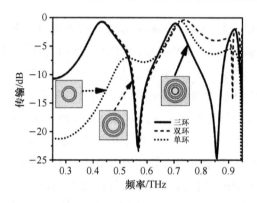

图 1-3　3 种类型圆环结构带通滤波器传输曲线的模拟比较

实际上,对具有频率选择表面结构的互补环结构,其谐振频率可近似描述为[11]

$$2\pi r = \lambda = \frac{c}{f\sqrt{\varepsilon_{\text{eff}}}} \tag{1-1}$$

其中 $\varepsilon_{\text{eff}}=(\varepsilon_r+1)/2$,$r$ 是环的内半径,λ 和 f 分别是谐振波长和谐振频率,c 是自由空间中的光速,ε_r 和 ε_{eff} 分别为介质和介质衬底的有效介电常数。根据模拟,对于 $R_2=42\ \mu m$ 的单环结构,计算出的谐振频率为 $f=0.69\ \text{THz}$,接近模拟频率 $f=0.72\ \text{THz}$。对于 $R_1=60\ \mu m$ 和 $R_2=42\ \mu m$ 的双环结构,计算得到的谐振频率分别为 $f=0.48\ \text{THz}$ 和 $f=0.69\ \text{THz}$,与模拟值 $f=0.43\ \text{THz}$ 和 $f=0.74\ \text{THz}$ 基本对应。对于三环结构,计算得到的谐振频率分别为 $f=0.48\ \text{THz}$,$f=0.69\ \text{THz}$ 和 $f=1.08\ \text{THz}$,而模拟得到的谐振频率分别为 0.43 THz、0.70 THz 和 0.92 THz。因此,可以基于理论公式来设计需要的带通滤波器的结构,但是在实际模型中,由于各谐振结构之间的相互耦合,对应的谐振频率也会发生偏移和变化。

为进一步研究三频带带通滤波器的物理特性,图 1-4 给出了三环结构在垂直入射时的磁场响应和电流分布特性。其中图 1-4(a)、图 1-4(b)、图 1-4(c)分别对应 0.43 THz、0.70 THz 和 0.92 THz 3 个频率点的磁场分布。图 1-4(d)、图 1-4(e)、图 1-4(f)分别为 $f=0.43\ \text{THz}$、0.70 THz 和 0.92 THz 的表面电流分布。线条的箭头表示电流的瞬时方向,而其长度对应于电流的强弱。如图 1-4(a)和图 1-4(d)所示,在谐振频率 0.43 THz 处,表面电流和磁场主要集中于最大环和中间环两侧,并且大部分磁场和表面电流均集中在最大环上。沿最大环的两个电流具有相似的幅度,但振荡方向相反。因此,由这种电流产生的散射场较弱,对应的电偶极矩可以忽略不计。因此,在 0.43 THz 处的谐振为类 fano 共振或束缚模式[12-13]。对于图 1-4(b)和图 1-4(e)中的第二个传输频率 0.70 THz 处,大部分磁场和电流出现在中间和内部环上。两个环中的表面电流相反,振幅几乎相等,这使得超材料的响应在束缚模式状态下工作,并确保了 0.70 THz 频率下的高质量因子谐振。对于图 1-4(c)和图 1-4(f)中的第三个传输峰值 0.92 THz,大部分磁场和电流分布在内部和最大环上。与前两个谐振不同的是这两个环中的主电流是同相的,因此该频率点的谐振主要由偶极子激发,其辐射损耗相对于束缚模式会有所增加。

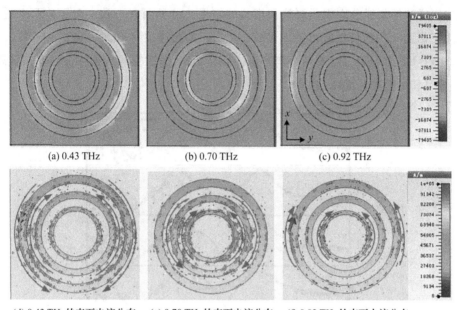

(a) 0.43 THz   (b) 0.70 THz   (c) 0.92 THz

(d) 0.43 THz的表面电流分布   (e) 0.70 THz的表面电流分布   (f) 0.92 THz的表面电流分布

图 1-4 三环结构对应的磁场和电流分布

在实际应用中,一般要求多频带带通滤波器对偏振和入射方向都具有不敏感特性。由于三环滤波器的对称设计,频率响应曲线对垂直入射波的任何偏振态都不敏感。在斜入射时,电磁波可以分为 TE 极化波和 TM 极化波两种。图 1-5 给出了两种极化下的传输随角度的变化情况。对于 TE 极化波,当入射角增加到 40°时,前两个峰变窄,但中心频率保持不变,并且第一和第二谐振峰的透射率分别高于 90% 和 85%。第三个谐振仍然保持着超过 70% 的透射率,中心频率略微发生蓝移。需要注意的是,当入射角增加到 15°以上时,会在第二和第三谐振频率之间出现两个额外的透射峰值,这是由介质中的高次谐振模式引起的。对于 TM 极化波,当入射角为 30°时,前两个峰的滤波特性变化较小。当入射角增加到 40°时,第二个透射峰被截断分成两部分。在高频率处,将出现更多的谐振模式。

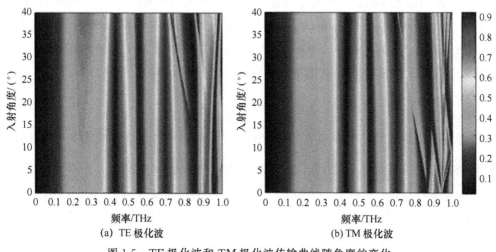

(a) TE 极化波   (b) TM 极化波

图 1-5 TE 极化波和 TM 极化波传输曲线随角度的变化

针对 $10°\sim40°$ 倾斜入射的传输情况,图 1-6 给出了 TM 极化波下透射幅度与频率的关系。其中实线和短划线分别表示测量和模拟的结果。可见两者一致。对于前两个透射峰,当入射角变化到 $30°$ 时,传输幅度的变化较小。当入射角增加到 $40°$ 时,在 0.72 THz 的透射位置处,透射峰发生分裂。与前两个基本谐振频率相比,高次模的谐振将会出现在较高频率处,具有更窄和更低的传输特性。

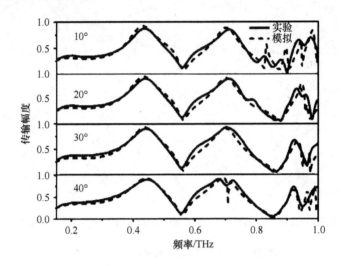

图 1-6   测量和模拟得到 TM 极化波在 $10°\sim40°$ 入射时的传输曲线

1.3   金属打矩形孔结构的双波段带通滤波器

1.3.1   结构模型

图 1-7(a)和图 1-7(b)分别给出了设计的矩形双开口结构的双频带滤波器的周期单元结构的俯视图和加工样品的扫描电子显微镜图片。该周期单元的尺寸为:$P=770\ \mu m$,$a=590\ \mu m$,$b=500\ \mu m$,$w_1=105\ \mu m$,$w_2=35\ \mu m$,$d=230\ \mu m$。该滤波器是采用激光技术(LPKF ProtoMat S43)对 $100\ \mu m$ 厚的钼(电导率 $\sigma=1.76\times10^7$ S/m)进行周期打孔构成的。对于频率选择表面中的矩形孔,其谐振频率可通过式(1-2)计算[11]:

$$L=\frac{\lambda}{2}=\frac{c}{2f\sqrt{\varepsilon_r}} \tag{1-2}$$

其中,L 是矩形孔的最大尺寸,λ 和 f 分别为谐振波长和频率。由于在该结构中没有引入介电材料,所以 $\varepsilon_r=1$,因此图 1-7 中长、短矩形槽对应的谐振频率分别为 $f_1=\frac{c}{2a}=0.254$ THz 和 $f_2=\frac{c}{2b}=0.30$ THz。

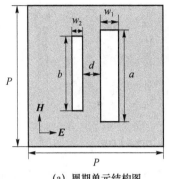 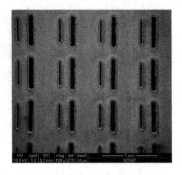

(a) 周期单元结构图   (b) 加工结构的电子显微镜图片

图 1-7   矩形双开口结构的双波段带通滤波器

1.3.2 结果分析

在 CST 微波仿真软件中,可以利用 Floquent 边界条件模拟 FSS 的周期单元,图 1-8 给出了 3 种不同结构滤波器的传输特性,其中结构 Ⅰ 和 Ⅱ 分别对应只有大孔和小孔的结构,而结构 Ⅲ 为双孔结构,3 种结果对应的曲线类型分别为短划线、点线和实线。模拟发现对于结构 Ⅰ 和结构 Ⅱ,在 0.1~0.45 THz 的频率范围内,仅出现一个带通特性。对于结构 Ⅰ,谐振峰值出现在 0.252 THz,其最大传输率为 97%,对应的 3 dB 相对带宽为 14%。对于结构 Ⅱ,谐振峰值出现在 0.294 THz,其最大传输率为 87%,对应的 3 dB 相对带宽为 4%。对于结构 Ⅰ 和结构 Ⅱ,在 0.252 THz 和 0.294 THz 得到的谐振峰与理论计算值 0.254 THz 和 0.3 THz 基本一致。将结构 Ⅰ 和结构 Ⅱ 进行组合得到结构 Ⅲ 后,可见其在 0.247 THz 和 0.3 THz 两个位置处产生窄带滤波特性,该结果也与理论值 0.254 THz 和 0.3 THz 基本一致。对于第一传输通带,最大传输率为 96%,3 dB 相对带宽为 9%。对于第二传输通带,最大传输率为 94%,3 dB 相对带宽为 10%。此外,由于相邻矩形孔之间的相互耦合,结构 Ⅲ 的中心频率、最大传输率和 3 dB 相对带宽没有与结构 Ⅰ 和结构 Ⅱ 完全一致。为了进一步阐明两个窄带滤波器的物理机理,图 1-9 给出了该双频段带通滤波器在谐振频率分别为 0.247 THz 和 0.3 THz 处的电场分布。可见在 0.247 THz 处,电场主要集中在大的矩形孔上,而在 0.3 THz 处,电场集中在小的矩形孔上,并且在两个矩形孔外的电场值比较弱。因此,两个通带频率是由两个孔的叠加形成的。

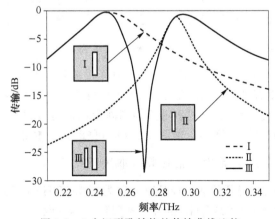

图 1-8   3 个矩形孔结构的传输曲线比较

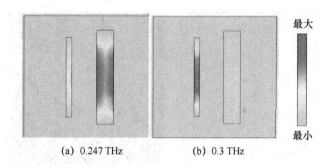

(a) 0.247 THz (b) 0.3 THz

图 1-9 双孔结构在谐振频率 0.247 THz 和 0.3 THz 处的电场分布图

双频带滤波器的传输特性与其尺寸有关。图 1-10 给出了当其他参数固定时,两孔之间的距离 d 和周期长度 P 对滤波特性的影响。可见在图 1-10(a)中,当两个矩形孔之间的距离从 70 μm 增加到 330 μm 时,两个传输通带的左侧区域基本保持不变。而第一频带的位置以 0.001 THz 的减小量移到低频,第二频带的位置以 0.002 THz 的增加量移到高频。可见两孔之间的距离对双频带滤波器的传输影响较小。在图 1-10(b)中,随着周期长度 P 从 650 μm 变化到 750 μm,两个通带的带宽减小,第一频带的位置以 0.001 THz 的增加量移到高频,而第二频带的位置以 0.002 THz 的减小量移到低频。

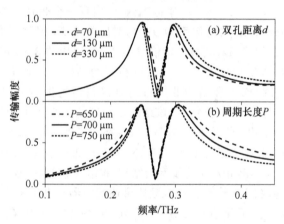

图 1-10 双孔距离和周期长度对双频带滤波器的影响

图 1-11 给出了矩形孔长度 a 和 b 的变化对透射曲线的影响。在图 1-11(a)中,增加大孔的长度会导致第一频带的透射峰发生明显红移,而第二频带的透射峰位置偏移较小。这可从公式对应的谐振频率来解释。因为第一频带的谐振频率取决于尺寸 a,即 $f_1 = \dfrac{c}{2a}$。当 $a = 550\ \mu m$、580 μm 和 610 μm 时,模拟得到的透射峰位置分别为 0.261 THz、0.251 THz 和 0.240 THz,其理论计算结果为 0.273 THz、0.259 THz 和 0.246 THz,可见模拟和计算结果基本一致。此外,当长度 a 增加时,更多谐振频率附近的波可以通过滤波器进行传输,从而使得第一频带的峰值和带宽均增加。由图 1-11(b)可知,第二频带对应的透射峰的谐振频率将随着 b 的增加而减小,这是因为谐振频率取决于尺寸 b,即 $f_2 = \dfrac{c}{2b}$。当 $b = 480\ \mu m$、510 μm 和 540 μm 时,模拟得到的透射峰频率分别为 0.307 THz、0.291 THz 和 0.278 THz,这与计算结果 0.313 THz、0.294 THz 和 0.278 THz 基本一致。

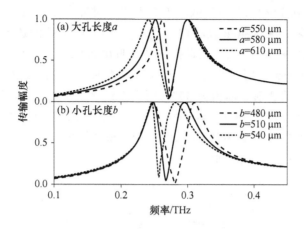

图 1-11　双孔长度对传输曲线的影响

图 1-12 给出了当其他参数固定时,矩形孔的宽 w_1 和 w_2 对透射曲线的影响。可见在图 1-12(a)中,当大孔宽度 w_1 从 60 μm 增加到 140 μm 时,两个通带的传输峰值和带宽都增加。在图 1-12(b)中,随着小孔宽度 w_2 从 25 μm 增加到 65 μm,两个通带的透射峰值呈增加趋势,第二频带的带宽增加,第一频带的带宽减小。因此,由上面的分析可知,两个频带的位置和带宽都可以通过改变滤波器的尺寸进行调整,并且两个频带的频率主要由两个矩形孔的长度 a 和 b 决定,而带宽也受其他参数的影响。

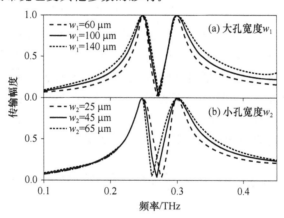

图 1-12　双孔宽度对传输曲线的影响

实验采用激光(LPKF ProtoMat S43)对 100 μm 厚的钼层进行加工,得到了 3 个样品,其尺寸如表 1-2 所示。所有样品具有相同的周期 P,宽度 w_1、w_2 和距离 d,但矩形孔的长度 a 和 b 不同。每个样品的周期单元数为 25×25 个,并且在 20 mm×20 mm 的区域上具有良好的均匀性。测试采用太赫兹时域光谱(THz-TDS),测试的频率范围为 0.05～2.5 THz。

表 1-2　样品的尺寸

参　数	$P/\mu m$	$a/\mu m$	$b/\mu m$	$w_1/\mu m$	$w_2/\mu m$	$d/\mu m$
样品 I	770	590	500	105	35	230
样品 II	770	570	450	105	35	230
样品 III	770	690	485	105	35	230

图 1-13 给出了 0.1～0.45 THz 频率下 3 个样品对应的传输曲线,其中实线和虚线分别为测试和模拟结果。测试结果表明样品 Ⅰ 在 0.245 THz 处的透射率峰值为 73%,在 0.30 THz 处的透射率峰值为 71%,而模拟结果表明在 0.249 THz 和 0.3 THz 处的透射率峰值分别为 100% 和 96%。对于样品 Ⅱ,测试结果表明在 0.249 THz 处的透射率峰值为 76%,在 0.33 THz 处的透射率峰值为 63%,而模拟结果显示在 0.26 THz 和 0.33 THz 处的透射率峰值分别为 97% 和 99%。对于样品 Ⅲ,测试结果显示在 0.214 THz 处的透射率峰值为 80%,在 0.31 THz 处的透射率峰值为 75%,模拟结果显示在 0.214 THz 和 0.3 THz 处的透射率峰值分别为 100% 和 96%。

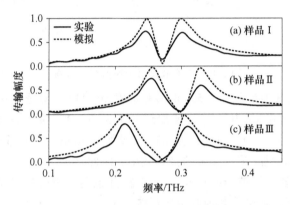

图 1-13　角度变化对传输曲线的影响

可见,3 个样品的测试曲线与模拟曲线基本吻合,一方面,其加工尺寸误差可能造成了谐振频率的偏移;另一方面,测试曲线对应的损耗较大,可能是加工样品的粗糙度引起的,而在 CST 软件中无法设置金属的粗糙度,金属的粗糙度会影响金属的导电性。通过模拟发现金属的电导率越大,滤波器的传输性能就越高。因此将样品变得更加光滑或使用更高电导率的金属进行加工可以增加两个通带的传输率。最后,由于在模拟中采用了周期边界条件进行仿真,而在实验中对应的结构是有限周期的,这种差异也会影响滤波器的传输特性。

1.4　金属打十字孔结构的双波段带通滤波器

本节主要设计并加工了钼打双十字孔结构的双波段带通滤波器。与前面的双矩形孔结构相比,该结构也采用激光打孔技术,具有加工简单和成本低的优点。但是,由于双十字孔结构的对称设计,所以其具有极化不敏感的特性和更广泛的应用前景。

1.4.1　结构模型

图 1-14(a)和图 1-14(b)分别给出了双十字孔结构滤波器 2×2 周期单元模型图和实际加工的样品图。其具体结构参数为:$P=640\ \mu m$,$a=500\ \mu m$,$b=400\ \mu m$,$w_1=70\ \mu m$ 和 $w_2=40\ \mu m$。该样品也是通过激光打孔技术在 100 μm 厚的钼金属上做大小对称的十字孔结构形成的,对应钼的电导率为 $\sigma=1.76\times10^7$ S/m。对于单层金属的十字孔结构,其谐振可以用式(1-3)来近似求解[11]:

$$L = \frac{\lambda}{2} = \frac{c}{2f\sqrt{\varepsilon_r}} \tag{1-3}$$

其中 L 是十字孔的最大尺寸,λ 和 f 是对应的谐振波长和谐振频率。由于没有介质材料,所以 $\varepsilon_r = 1$。利用该公式计算得到大小十字孔的谐振频率分别为 $f_1 = \frac{c}{2a} = 0.3$ THz 和 $f_2 = \frac{c}{2b} = 0.375$ THz。由于该结构的对称特性,所以在垂直入射时,对 TE 极化波和 TM 极化波的传输特性相同。在本模型中,TE 极化波和 TM 极化波分别指电场沿着 y 和 x 方向的平面电磁波。

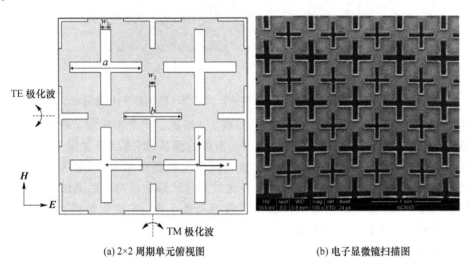

(a) 2×2 周期单元俯视图　　　(b) 电子显微镜扫描图

图 1-14　双十字孔结构模型

1.4.2　结果分析

图 1-15 给出了垂直入射时,3 种十字孔结构在 TE 极化波时的传输特性。其中实线为图 1-14 对应的双十字孔结构。可见该结构在 0.303 THz 和 0.38 THz 两个频率点位置均出现了带通滤波特性,对应的最高透射率分别为 94.9% 和 94.6%。这两个模拟得到的频率点与理论计算值 0.3 THz 和 0.375 THz 基本一致。点线和短划线分别给出了只有小十字孔和大十字孔结构时的传输特性曲线。可见,两种结构均有带通滤波特性,其中小十字孔结构和大十字孔结构分别对应双孔带通滤波器的高频

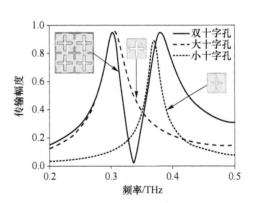

图 1-15　在垂直入射时,3 种类型十字孔结构传输曲线的对比

和低频位置,从而进一步说明了双十字孔结构的双波段滤波器特性是由大孔和小孔的叠加效应引起的。

为了进一步给出双波段滤波器的物理机理,图 1-16 给出了 2×2 结构单元分别在 0.303 THz 和 0.38 THz 两个谐振频率点的电场分布。可见在谐振频率 0.303 THz 处,电

场主要集中在大十字孔位置。而在谐振频率 0.38 THz 处，电场主要集中在小十字孔位置，从而进一步说明了该双波段滤波器是由两个孔结构的电场谐振叠加引起的。

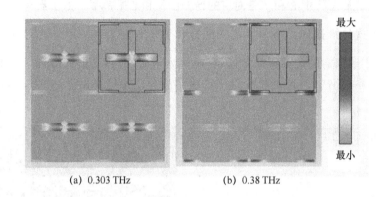

(a) 0.303 THz   (b) 0.38 THz

图 1-16　双波段带通滤波器在谐振频率 0.303 THz 和 0.38 THz 处的场分布

针对双十字孔结构的双波段带通滤波器，表 1-3 给出了 3 个实际加工的样品参数。利用太赫兹时域光谱技术对 3 个样品进行垂直入射时的测试，测试结果如图 1-17 所示。其中点线和实线分别对应 TM 极化波和 TE 极化波的实验测试结果，短划线为 TE 极化波与 TM 极化波的模拟结果。可以看出 TE 极化波和 TM 极化波对应的测试曲线的频率和幅度基本一致，从而进一步说明了其极化不敏感特性。在 TE 极化波情况下，样品 I 在 0.312 THz 和 0.403 THz 两个频率对应的最高透射率分别为 81% 和 78%，而模拟的结果是在中心频率 0.314 THz 和 0.401 THz 处对应的透射率峰值均高于 95%。对于样品 II，测试表明其在 0.343 THz 和 0.43 THz 处的透射率峰值分别为 77% 和 80%，而模拟结果是在 0.35 THz 和 0.43 THz 处对应的透射率峰值分别为 95% 和 97%。对于样品 III，测试结果是在 0.336 THz 和 0.396 THz 处的透射率峰值分别为 76% 和 84%，而模拟结果是在 0.334 THz 和 0.398 THz 处透射率峰值均为 96%。对于测试与模拟的差距，主要原因可以分为以下几方面。一是加工误差造成的，即实际加工的尺寸与模拟值存在差距。二是加工样品的粗糙度也会影响传输幅度。三是模拟采用周期结构，而实验测试的样品周期单元有限，这也会引起测试和模拟的差距。

表 1-3　双十字孔结构双波段带通滤波器的参数

样　品	$P/\mu m$	$a/\mu m$	$b/\mu m$	$w_1/\mu m$	$w_2/\mu m$
I	655	482	380	80	50
II	556	435	360	76	48
III	586	465	390	108	35

图 1-18 给出了 3 个样品在 TM 极化波入射，入射角度分别为 0°、15° 和 30° 时的传输曲线。其中图 1-18(a) 和图 1-18(b) 分别为模拟曲线和测试曲线。可见，模拟和测试的趋势基本一致，并且随着角度的增加，谐振频率往低频方向移动，传输幅度降低。幅度降低是因为入射角度的增大使得通过十字孔的电磁波减少。

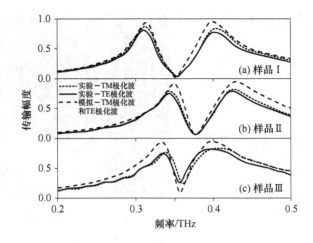

图 1-17   在垂直入射时 3 个双十字孔样品的测试和模拟曲线对比

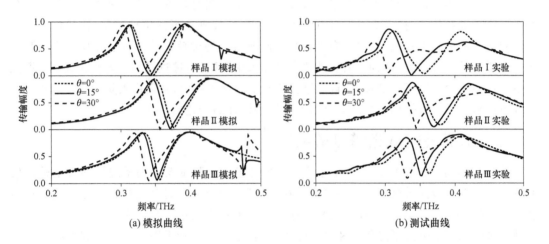

图 1-18   在斜入射时 3 个样品的模拟和实验曲线对比

1.5   太赫兹多波段滤波器的实验系统

本节主要介绍两种太赫兹滤波器的测试系统,一种是太赫兹矢量网络测试系统,另一种是太赫兹时域光谱(THz-TDS)测试系统。

1.5.1   太赫兹矢量网络测试系统

图 1-19(a)和图 1-19(b)分别给出了太赫兹矢量网络测试系统的系统框图和搭建的实物图。太赫兹矢量网络测试系统主要由微波矢量网络分析仪、太赫兹扩展模块和准光学测试平台组成。其中,太赫兹扩展模块包括发射(T)模块和接收(R)模块,主要功能是实现信号的倍频放大和信号的外差混频接收;准光学测试平台由样品夹、椭圆反射镜和两个完全相同且对称放置的双模圆锥喇叭组成。

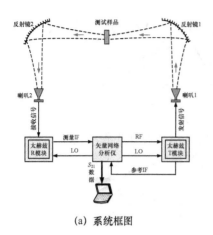

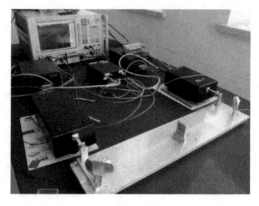

(a) 系统框图　　　　　　　　　(b) 实物图

图 1-19　太赫兹矢量网络测试系统

系统的具体测试原理：矢量网络分析仪产生的低频信号经太赫兹矢量测量收发模块倍频后转换为高频信号；信号通过发射喇叭天线的辐射，经椭圆反射镜后聚焦，样品位置恰好放在聚焦后的束腰上；太赫兹波由喇叭天线 1 发射再经椭圆反射镜 1 聚焦在样品上，因此，入射到样品的波近似为平面波，而软件仿真时也采用平面波；透过样品的太赫兹波被椭圆反射镜 2 反射后由喇叭天线 2 接收，再经过接收模块超外差接收，最后由矢量网络完成正交解调和数据输出，解调后得到的 S_{21} 数据就反映了测试样品的透射特性。

1.5.2　太赫兹时域光谱测试系统

图 1-20(a)和图 1-20(b)分别给出了太赫兹时域光谱测试系统的系统框图和搭建的实物图。太赫兹时域光谱测试系统主要由飞秒激光器、太赫兹辐射产生装置及相应的探测装置，以及时间延迟控制系统组成。太赫兹脉冲光谱系统中使用飞秒激光器产生的飞秒激光脉冲经过分束镜后分为泵浦脉冲和探测脉冲，前者经过时间延迟系统后入射到太赫兹辐射产生装置上，激发产生太赫兹脉冲，再入射至被测样品，后者和从被测样品传输的太赫兹脉冲一同共线入射到太赫兹探测装置上，以此来驱动太赫兹探测装置。而后通过控制时间延迟系统来调节泵浦脉冲和探测脉冲之间的时间延迟，最终可以探测出太赫兹脉冲的整个时域波形。通过傅里叶变换就可以得到被测样品的传输谱，从而得到带通滤波器的幅度和相对带宽。

将从样品上和透射镜上测得的脉冲信号，分别进行傅里叶变换，将其转换到频域中，得到被测样品的透射谱。在垂直入射时，有

$$\frac{\widetilde{E}_{sam}(\omega)}{\widetilde{E}_{tran}(\omega)} = \frac{|\sqrt{T(\omega)}|\exp[-j\Delta\varphi(\omega)]}{|\sqrt{T_{tran}(\omega)}|\exp[-j\Delta\varphi_{tran}(\omega)]} = \frac{[1-\tilde{n}(\omega)][1+\tilde{n}(\omega)]}{[1+\tilde{n}(\omega)][1-\tilde{n}_{tran}(\omega)]} \tag{1-4}$$

其中，$\widetilde{E}_{sam}(\omega)$、$\widetilde{E}_{tran}(\omega)$ 分别为从样品上和透射镜上测得脉冲信号的傅里叶变换，这里要求透射镜表面和样品放置在同一水平面上，稍微错位就会导致相位变化很大，这就对实验操作要求较高。

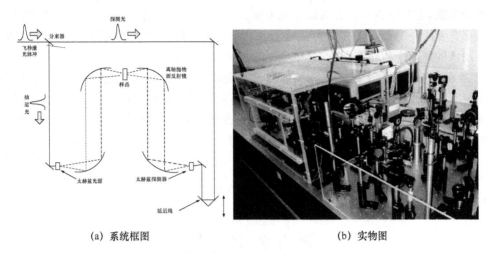

(a) 系统框图	(b) 实物图

图 1-20 太赫兹时域光谱测试系统

1.6 本 章 小 结

本章设计、加工并测试了 3 种类型的多波段太赫兹超材料带通滤波器,主要结论如下。

① 采用电子束曝光技术加工了石英基底的三环结构的多波段带通滤波器。测试结果表明,它在 0.44 THz、0.71 THz 和 0.89 THz 频率位置处具有 3 个透射峰,对应的插入损耗分别为 0.96 dB、1.36 dB 和 3.35 dB。多环的组合不仅会增加通带的数量,还会改善中间传输频带的带外抑制特性。利用磁场分布和表面电流密度分析了多频带谐振响应的物理机制。对于 TM 极化波,通过实验测试,验证了角度变化与透射曲线的关系,并且测量结果与仿真吻合。该多波段滤波器结构具有极化不敏感、宽入射角和加工简单等优点,为太赫兹多波段带通滤波器的发展和应用提供了重要参考。

② 采用激光打孔技术在钼金属中构造两个不同尺寸的矩形孔,就得到了太赫兹双波段带通滤波器。实验测试结果与模拟结果基本吻合。测试结果表明样品 I 在 0.245 THz 处的透射率峰值为 73%,在 0.30 THz 处的透射率峰值为 71%。对于样品 II,测试结果表明在 0.249 THz 处的透射率峰值为 76%,在 0.33 THz 处的透射率峰值为 63%。样品 III 在 0.214 THz 处的透射率峰值为 80%,在 0.31 THz 处的透射率峰值为 75%。通过调整两个相邻矩形孔的参数,该滤波器在较低和较高频带中都具有良好的频率选择性能。其中两个传输频带的位置主要是由两个矩形孔的长度决定的,而它们的带宽受其他参数的影响。该双波段滤波器设计过程简单,可以根据物理概念和相应的公式进行简单估算。此外,由于该结构采用激光打孔技术,所以其具有加工简单和成本低的优点,从而为双频带传感器、太赫兹通信系统提供了技术支持。

③ 采用激光打孔技术在钼金属中构造两个不同尺寸的十字孔结构,就得到了太赫兹双波段带通滤波器。与矩形孔相比,该带通滤波器在垂直入射时具有极化不敏感的传输特性。在 TE 极化波情况下,样品 I 在 0.312 THz 和 0.403 THz 两个频率对应的最高透射率峰值分别为 81% 和 78%。样品 II 在 0.343 THz 和 0.43 THz 处的透射率峰值分别为 77% 和 80%。样品 III 在 0.336 THz 和 0.396 THz 处的透射率峰值分别为 76% 和 84%。对于测试

与模拟的差距,主要原因可以分为以下几方面。一是加工误差造成的,即实际加工的尺寸与模拟值存在差距。二是加工样品的粗糙度也会影响传输的幅度。三是模拟采用周期结构,而实际测试的样品个数是有限的,这也会引起测试和模拟的差距。

④ 本章介绍了两种太赫兹滤波器的测试系统,一种是太赫兹矢量网络测试系统,另一种是太赫兹时域光谱测试系统。太赫兹矢量网络测试系统能够直接得到样品的频谱信息,而太赫兹时域光谱测试系统测试时域信号,需要通过傅里叶变换将其转换成频谱信息。太赫兹时域光谱测试系统测试的频率范围相对较宽,可以达到 $0 \sim 2.5$ THz 或 $0 \sim 10$ THz。太赫兹矢量网络测试系统主要由微波矢量网络分析仪、太赫兹扩展模块和准光学测试平台组成。太赫兹时域光谱测试系统主要由飞秒激光器、太赫兹辐射产生装置及相应的探测装置,以及时间延迟控制系统组成。

本章参考文献

[1] Lu M Z, Li W Z, Brown E R. Second-order bandpass terahertz filter achieved by multilayer complementary metamaterial structures [J]. Optics Lett. ,2011,36(7): 1071-1073.

[2] Lan F, Yang Z Q, Qi L M, et al. Terahertz dual-resonance bandpass filter using bilayer reformative complementary metamaterial structures [J]. Opt. Lett. ,2014, 39(7): 709-1712.

[3] Ebrahimi A, Nirantar S, Withayachumnankul W, et al. Second-order terahertz bandpass frequency selective surface with miniaturized elements [J]. IEEE Trans. on Tera. Sci. and Techn. ,2015,5(5): 761-769.

[4] Li J S, Li Y, Zhang L. Terahertz bandpass filter based on frequency selective surface [J]. IEEE Photonics Techn. Lett. ,2018,30(3):238-241.

[5] Chen X, Fan W H. A multiband THz bandpass filter based on multiple-resonance excitation of a composite metamaterial [J]. Materials Research Express,2015,2(5): 055801.

[6] Qi L M, Li C. Multi-band terahertz filter with independence to polarization and insensitivity to incidence angles [J]. Journal of Infrared, Millimeter, and Terahertz Waves, 2015, 36(11): 1137-1144.

[7] Qi L M, Li C. Dual-band frequency selective surface bandpass filters in terahertz band [J]. Journal of the Optical Society of Korea,2015,19(6);673-678.

[8] Qi L, Li C, Fang G Y, et al. Single-layer dual-band terahertz filter with weak coupling between two neighboring cross slots [J]. Chin. Phys. B,2015,24(10): 107802.

[9] Wang D W, Zhao W S, Xie H, et al. Tunable THz multiband frequency-selective surface based on hybrid metal-graphene structures [J]. IEEE Trans. on Nanotechn. ,2017,16(6):1132-1137.

[10] Qi L M, Shah S M A. Broad dual-band metamaterial filter with sharp out-of-band rejections [J]. Current Optics and Photonics,2018,2(6);629-634.

[11] Munk B A. Frequency Selective Surfaces: Theory and Design[M]. New York: John Wiley and Sons Inc. ,2000.

[12] Al-Naib I A I,Jansen C,Born N, et al. Polarization and angle independent terahertz metamaterials with high Q-factors [J]. Appl. Phys. Lett. ,2011,98(9): 091107.

[13] Shu J,Gao W L,Xu Q F. Fano resonance in concentric ring apertures [J]. Opt. Express,2013,21(9): 11101.

第 2 章　太赫兹超材料吸波器

2.1　前　　言

吸波材料是一种可以对入射电磁波进行高效吸收或使其大幅减弱的材料,利用多种不同的损耗机制,电磁波被转化为热能或者其他形式的能量并逐渐消散,最终实现吸波的效果。在各式各样的吸波材料中,基于超材料的吸波结构近年来得到了人们的广泛关注。与常规吸波材料相比,超材料吸波器具有吸收强、厚度薄、质量轻等优点,并且可以"量需定制",通过改变超材料的结构来实现所需要的电磁特性,大大地增加了吸波器设计的灵活性[1]。因此,超材料吸波器可以被广泛地应用于传感、雷达、成像等多个领域,其可以有效地提升太赫兹功能器件的灵敏度。

超材料吸波器最早是由 N. I. Landy[2] 等在 2008 年提出的一种三层吸波结构,最上层是双开口谐振环,中间是一层介质,最下层是金属条。当电磁波垂直入射到结构表面时,顶层与底层的金属结构会产生电响应,同时分布于其上的反向平行电流产生了磁响应(即洛伦兹响应),在两种响应的混合作用下,结构与电磁波发生强烈的耦合效应,实现了极强的吸波效果,吸收峰值达到了 96%。随后,H. Tao[3] 等简化了制造工艺,使用金属板代替金属条,设计了一种基于开口谐振结构的超材料吸波器。该结构在 TE、TM 两种极化模式下都能够实现宽角度的近完美吸收效果,吸收效率高达 99.9%。在此后很长的一段时间里,"金属-介质-金属"形式的三层模型成了设计超材料吸波器的普遍思路。

然而,传统超材料吸波器往往只能工作在某个确定的频率下,如果有其他频率的吸波需求,则需要重新进行设计和加工,既增加了成本,又带来了很大不便。可调超材料吸波器是近年来新兴的研究方向,即不改变吸波器本身的结构,而是利用组成材料的可调性质来改变其电磁特性,从而影响整个结构的吸波效果。常见的可调材料有石墨烯、液晶和二氧化钒等。目前,相关研究已取得了很大进展。

2017 年 E. S. Torabi[4] 等提出了一种宽带可调的太赫兹超材料吸波器,通过改变顶层金属块和石墨烯块的排布,可以形成多种棋盘状的图案,从而获得不同的宽带吸收效果。2017 年,K. Arik[5] 等展示了一种极化不敏感的可调超宽带超材料吸波器,其超过 90% 吸收的相对带宽达到了 100%。2018 年 Xu[6] 等利用介质和不同尺寸的石墨烯带,设计了一种多层吸波结构,该结构可以在 3~7.8 THz 的频率范围内实现超过 90% 的超宽带吸收效果,通过控制外加电压,可使吸波器在"开"和"关"两种状态之间快速切换。2017 年,Chen[7] 等提出的可调单频段超材料吸波器,可以在 2.71 THz 处实现 99.51% 的吸波效果。此外,重复叠加"石墨烯-介质"结构能够使吸波器同时工作在两个频率下,达到双频段吸波的效果。2017 年,Wang[8] 等将石墨烯与液晶组合起来,提出了一种高效率的可调超材料吸波器,通过改变外加电压,该结构可以在同一个频率处的调幅度变化超过 80%。2018 年 Wang[9] 等设计了一种基于液晶的三频段完美吸波器,当液晶的折射率发生变化时,吸波器的谐振频率也会发生连续的线性改变,并且吸收峰值始终维持在 99% 以上。2018 年,Song[10] 等借助二氧化钒的相变特性,设计了一种可开关的太赫兹宽带超材料吸波器,调节温度能够大幅改变吸收幅值,调制深度超过 60%,实现了吸波效果的动态开关。2019 年,笔者提出了金属贴片-介质-二氧化钒底板的三层结构太赫兹吸波器[11],该吸波器可在"开启"(吸收值>89.7%)和"关闭"(吸收值<27%)两种状态之间自由切换,对顶层金属贴片的排布方式"不敏感",在不同排列下均能实现较好的宽带吸收效果。

鉴于石墨烯的可调特性,本章首先提出了两种类型的可调宽带超材料吸波器,一种是单频段宽带结构[12],另一种是双频段宽带结构[13],并分别对其进行了理论分析和仿真模拟。其中,单频段宽带吸波器的特色在于石墨烯图案是一个相连的整体,与常见的石墨烯吸波器相比,这种相连结构有利于外加电压对吸波器的调控。双频段宽带吸波器则是由介质谐振单元-石墨烯-介质-金属构成的四层结构,兼具宽带吸收和双频段吸收特性,中间的石墨烯采用单层无图形结构,不但便于灵活调节,而且减小了其加工难度。这两种吸波器均采用对称设计,具有极化不敏感和宽角度的吸收特性,能够满足多种应用场景下的灵活吸波需求,在传感、雷达、隐形技术等领域具有广泛的应用价值。

其次,本章还提出了一种太赫兹波段的宽角度吸波器[14],并进行了仿真分析与实验验证。与太赫兹波段传统的加工方式不同,该结构使用印制电路板技术制作,具有低成本、高效率和大面积批量加工的优点。利用太赫兹矢量网络分析系统,可以直接得到样品在不同入射角度下的吸收性能。测试结果与仿真结果具有较高的吻合度,验证了结构的可行性与实用性。

2.2　单频段宽带吸波器

2.2.1　结构描述

图 2-1 给出了基于石墨烯的单频段宽带吸波器的结构单元示意图,该结构由三部分组成,从上至下依次为石墨烯层、介质层和金属层。其中,最顶层是一层石墨烯薄片,上面挖出了一个圆环状的孔洞,孔洞上保留了 4 个长方形的连接处,保证外加电压能够对石墨烯的内外两部分进行统一控制。介质层使用二氧化硅(SiO_2),相对介电常数为 $\varepsilon_r = 3.9$,损耗角的正切为 $\tan\delta = 0.0006$。金属底板的材料为金,电导率为 $\sigma_{gold} = 4.561 \times 10^7$ S/m。结构的几何参数: $P = 3~\mu m$, $R_1 = 1~\mu m$, $G_1 = 0.15~\mu m$, $W_1 = 0.4~\mu m$, tg $= 1$ nm, td $= 5~\mu m$, tm $=$

$0.1 \mu m$。

石墨烯的表面电导率 $\sigma(\omega, \mu_c, \Gamma, T)$ 可以由 Kubo 公式[15-17]计算得到：

$$\sigma(\omega, \mu_c, \Gamma, T) = \frac{\mathrm{j}e^2(\omega - \mathrm{j}\Gamma)}{\pi \hbar^2} \times \left[\frac{1}{(\omega - \mathrm{j}\Gamma)^2} \int_0^\infty \left(\frac{\partial f_d(\varepsilon)}{\partial \varepsilon} - \frac{\partial f_d(-\varepsilon)}{\partial \varepsilon} \right) \varepsilon \, \mathrm{d}\varepsilon - \right.$$
$$\left. \int_0^\infty \frac{f_d(-\varepsilon) - f_d(\varepsilon)}{(\omega - \mathrm{j}\Gamma)^2 - 4(\varepsilon/\hbar)^2} \mathrm{d}\varepsilon \right] \tag{2-1}$$

其中，e 是元电荷，w 是角频率，$\hbar = \dfrac{h}{2\pi}$ 是约化普朗克常数，T 是温度，ε 是能量，$f_d(\varepsilon) = (e^{(\varepsilon - \mu_c)/(k_B T)} + 1)^{-1}$ 是费米-狄拉克分布，k_B 是玻尔兹曼常数，μ_c 是化学势，Γ 是碰撞频率。当 $k_B T \ll |\mu_c|$ 时，公式(2-1)又可以近似表示为

$$\sigma_{\text{graphene}} = \sigma_{\text{intra}} + \sigma_{\text{inter}} \tag{2-2}$$

其中 σ_{intra} 是带内电导率，σ_{inter} 是带间电导率，分别可以由公式(2-3)和公式(2-4)来表示：

$$\sigma_{\text{intra}} = \mathrm{j} \frac{e^2 k_B T}{\pi \hbar^2(\omega - \mathrm{j}\Gamma)} \left[\frac{\mu_c}{k_B T} + 2\ln(e^{-\mu_c/(k_B T)} + 1) \right] \tag{2-3}$$

$$\sigma_{\text{inter}} = \frac{\mathrm{j}e^2}{4\pi\hbar} \ln \left[\frac{2|\mu_c| - (\omega - \mathrm{j}\Gamma)\hbar}{2|\mu_c| + (\omega - \mathrm{j}\Gamma)\hbar} \right] \tag{2-4}$$

在本节的计算中，石墨烯的参数取为 $T = 300 \text{ K}, \mu_c = 1 \text{ eV}, \Gamma = 10 \text{ THz}$[18]。

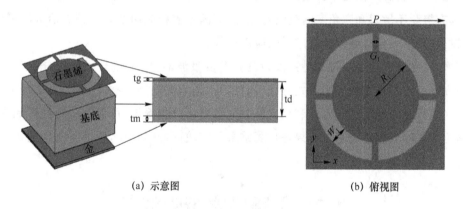

(a) 示意图　　　　　　　　　　(b) 俯视图

图 2-1　单环宽带吸波器周期单元结构

2.2.2　仿真结果与分析

图 2-2(a)给出了单环吸波器结构在电磁波垂直入射时的吸收、反射曲线图，其中实线和点线分别代表吸波器在 TE(电场沿 x 方向)和 TM(电场沿 y 方向)两种极化模式下的吸收曲线。可以看出，吸波器在两种模式下的吸收效果完全相同，具有极化不敏感的特性，同时，在 7～9.25 THz 的频率范围内，吸收的幅值均超过 90%，带宽达到了 2.25 THz，对应的相对带宽为 27.9%，具有明显的宽带特性。吸收效果可以使用阻抗匹配理论来解释，如图 2-2(b)所示，实线代表吸波器的吸收，短划线和点线分别代表相对阻抗的实部和虚部。在 7～9.25 THz 的

频率范围内,相对阻抗的实部趋近于1,虚部趋近于0,此时吸波器与自由空间实现了阻抗匹配,电磁波能够最大限度地进入结构内部,同时由于金属底板的存在,没有电磁波能够传输出去,因此绝大多数电磁波都在结构内部被吸收或损耗掉了。

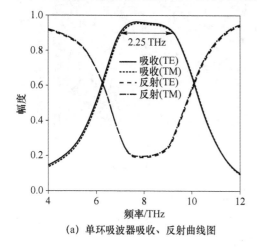
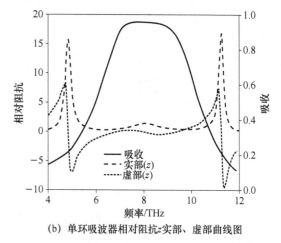

(a) 单环吸波器吸收、反射曲线图　　　　(b) 单环吸波器相对阻抗z实部、虚部曲线图

图 2-2　单环吸波器的传输特性和阻抗

　　在实际应用中,吸波器对斜入射电磁波的吸收效果是衡量其实用性的重要参考因素。图 2-3 给出了电磁波斜入射时,入射角度 θ 对吸收性能的影响,图 2-3 的左侧和右侧分别代表 TM 和 TE 两种极化模式下的吸收效果。当入射角小于 30° 时,吸波器在 TE、TM 两种模式下的性能几乎不变,而当入射角大于 30°时,吸收效果开始有所区别:对于 TM 模式,吸收带宽会先随着入射角的增加而变大,然后宽带吸收峰会逐渐分裂成两个独立的吸收峰,实现双频段的吸收效果;而对于 TE 模式,吸收带

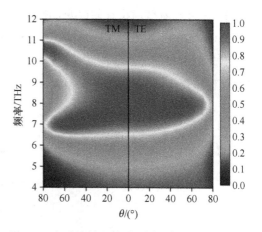

图 2-3　电磁波斜入射时不同入射角 θ 下的吸收
效果图(左侧为 TM 模式,右侧为 TE 模式)

宽会随着入射角的增加而逐渐变小。因此单环吸波器在多种角度下都能实现较好的吸波效果,具有很高的实用性。

　　通过调节外加电压,可以改变石墨烯的化学势,从而对吸波器的吸收性能进行调控。图 2-4(a)给出了石墨烯化学势 μ_c 为不同值时,单环吸波器的吸收曲线图,其中点线、点划线和实线分别代表 $\mu_c = 0.4\ eV$、$0.7\ eV$ 和 $1.0\ eV$ 时的结果,结构的其他参数保持不变。从图 2-4(a)中可以看出,当 μ_c 逐渐增加时,吸波器的谐振频率逐步向高频移动,同时吸收的幅值和带宽也逐渐增大。图 2-4(b)为化学势 μ_c 从 0 eV 到 1.0 eV 变化时,单环吸波器的性能变化趋势图,可以很清晰地看到,随着化学势的改变,吸波器的性能也发生了显著变化,其具有明显的可调特性。

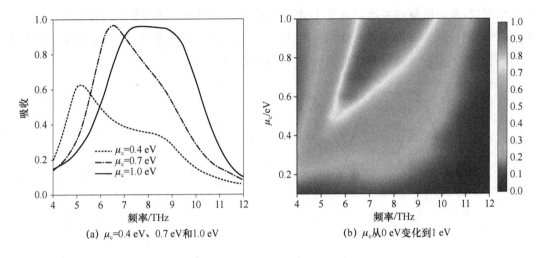

(a) μ_c=0.4 eV、0.7 eV和1.0 eV　　　　(b) μ_c从0 eV变化到1 eV

图 2-4　石墨烯化学势变化对吸收的影响

为了进一步分析吸波的物理机理,图 2-5 给出了 TM 模式下单环吸波器在 8 THz 处 yOz 截面的电场 z 分量分布图,以结构底面的中心为坐标原点,图 2-5(a)到图 2-5(c)分别是 $x=0\ \mu m$、$0.9\ \mu m$ 和 $1.5\ \mu m$ 时的仿真结果。可以看到,电场主要集中在石墨烯与介质的分界面上,并且随着截面位置的改变,谐振模式也不尽相同。这种现象可以用局域表面等离子体共振(localized surface plasmon resonances)来解释,当电磁波入射到石墨烯图案的表面时会引起局域表面等离子体共振,一部分波会被局限在石墨烯与介质的分界面上,进而在传播的过程中逐渐损耗掉,多个谐振模式的共同作用实现了对电磁波的宽带吸收。

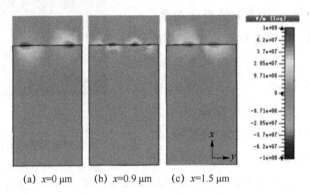

(a) x=0 μm　　　(b) x=0.9 μm　　　(c) x=1.5 μm

图 2-5　TM 模式下单环吸波器在 8 THz 处
yOz 截面的电场 z 分量分布图

图 2-6(a)给出了圆环内半径 $R_1=0.6\ \mu m$、$1.0\ \mu m$ 和 $1.4\ \mu m$ 时单环吸波器的吸收曲线。图 2-6(b)绘制了圆环内半径 R_1 对吸收性能的影响。可见随着 R_1 的增大,吸收峰的幅值、带宽都得到了较大的提升。需要注意的是,单环吸波器的吸收效果并不依赖于介质材料的损耗,如图 2-7 所示。从图 2-7 中可以看出,改变介质材料的损耗角正切,吸收效果并没有发生很大变化。

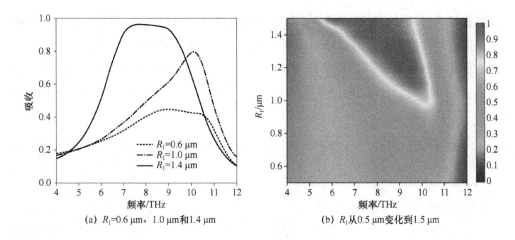

(a) R_1=0.6 μm、1.0 μm和1.4 μm   (b) R_1从0.5 μm变化到1.5 μm

图 2-6 圆环内半径 R_1 的变化对吸收的影响

石墨烯的碰撞频率 Γ 也是决定吸收效果的关键因素，其一般介于 $1 \sim 2\pi \times 2.42\ \mathrm{THz}$ 之间。如图 2-8 所示，石墨烯的碰撞频率越高，吸波器的吸收带宽就越大，吸收幅度就越高。综合图 2-7 和图 2-8 可知，单环吸波器的宽带吸收效果主要归功于石墨烯对电磁波的损耗作用，而相对独立于介质材料的损耗。

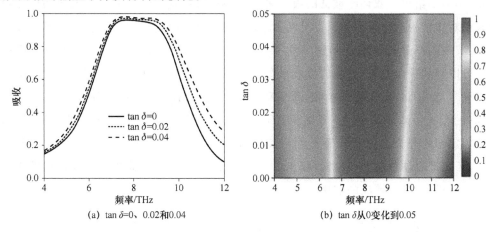

(a) $\tan\delta$=0、0.02和0.04   (b) $\tan\delta$从0变化到0.05

图 2-7 介质损耗角正切 $\tan\delta$ 的变化对吸收性能的影响

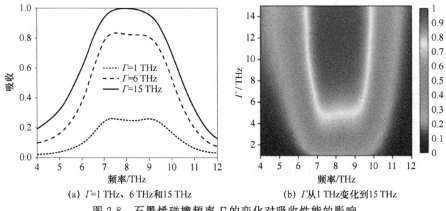

(a) Γ=1 THz、6 THz和15 THz   (b) Γ从1 THz变化到15 THz

图 2-8 石墨烯碰撞频率 Γ 的变化对吸收性能的影响

圆环孔的几何尺寸会对吸波器的性能产生较大影响,这样在一个周期单元中组合两个不同大小的圆环孔可能会得到更好的吸收效果。按照上述思路,图 2-9 提出了一种基于石墨烯的双环宽带吸波器。其结构参数为 $P=3\ \mu m, R_1=1.5\ \mu m, R_2=1\ \mu m, G_1=0.4\ \mu m,$ $G_2=0.05\ \mu m, w_1=0.1\ \mu m, w_2=0.1\ \mu m, tg=1\ nm, td=5\ \mu m, tm=0.1\ \mu m, T=300\ K,$ $\mu_c=1\ eV, \Gamma=10\ THz。$

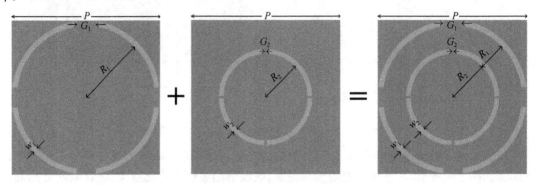

图 2-9 双环宽带吸波器结构单元俯视图

图 2-10(a)给出了双环吸波器的吸收曲线,其中点线、点划线分别代表外环和内环单独作用时相对应结构的仿真结果。可见两种单环结构都表现出宽带的吸波特性,但在其工作频段内,吸收的幅度大多低于 90%。将内环和外环整合在一起,利用内外两部分之间的耦合效应可以得到一个更宽、更强的吸收效果。双环吸波器在 6.63~9.84 THz 的频率范围内均实现了超过 90% 的宽带吸收,带宽达到了 3.2 THz,对应的相对带宽为 39.3%。图 2-10(b)给出了双环宽带吸波器的相对阻抗实部、虚部曲线,同样,在相应工作频段内,相对阻抗的实部约等于 1,虚部约等于 0,吸波器与自由空间实现了阻抗匹配。图 2-11 对比了单环、双环宽带吸波器的吸收性能,相比于单环吸波器,双环吸波器的吸收幅值和吸收带宽都有了显著提升,具有更高的实用性。

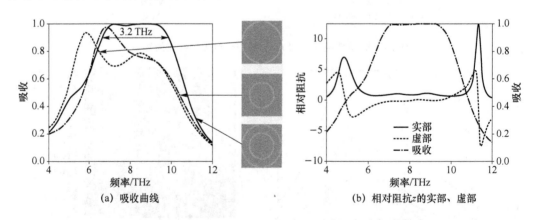

(a) 吸收曲线

(b) 相对阻抗 z 的实部、虚部

图 2-10 双环吸波器的吸收曲线及相对阻抗 z 的实部、虚部曲线

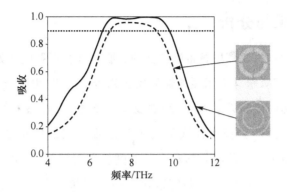

图 2-11　单环、双环宽带吸波器吸收曲线对比图

2.3　双频段宽带吸波器

2.3.1　结构描述

图 2-12 给出了基于石墨烯的双频段宽带吸波器的结构单元示意图。该结构由四部分组成：最上方是周期性的介质谐振单元，可以视为一个带有十字形凹槽的介质板；最下方是一块金属底板，材料为金，其厚度远大于金在该频段的趋肤深度；中间两部分分别为石墨烯和介质板。通过结构外端的电极可以在石墨烯与金属底板之间施加外电压 V_g，实现对石墨烯化学势的调节。在该结构中，介质材料均为二氧化硅（SiO_2），相对介电常数 $\varepsilon_r = 3.9$[19]，金的电导率为 $\sigma_{gold} = 4.561 \times 10^7$ S/m。石墨烯的参数设置为 $T = 300$ K，$\mu_c = 1$ eV，$\hbar\Gamma = 10$ m·eV（$\Gamma = 2\pi \times 2.42$ THz）[20]，结构单元的周期 $P = 50~\mu m$，十字凹槽的宽度 $L = 8~\mu m$，从上到下每一层的厚度依次为 $t_1 = 50~\mu m$，$t_2 = 0.34$ nm，$t_3 = 45~\mu m$ 和 $t_4 = 0.2~\mu m$。

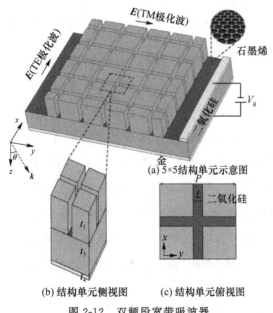

(a) 5×5结构单元示意图

(b) 结构单元侧视图　(c) 结构单元俯视图

图 2-12　双频段宽带吸波器

2.3.2 仿真结果与分析

在电磁波垂直入射时,双频段宽带吸波器的吸收、传输、反射曲线如图 2-13(a)所示。点线和点划线分别代表 TM 极化波下吸波器的反射和传输曲线,由于金属底板的厚度远大于趋肤深度,所以该结构的传输近似为 0。短划线和实线展示了吸波器在 TE(电场沿 x 方向)和 TM(电场沿 y 方向)两种极化模式下的吸收曲线。该结构在 0.473~1.407 THz 和 2.273~3.112 THz 两个频率范围内都对入射电磁波实现了超过 80% 的宽带吸收,带宽分别为 0.934 THz 和 0.839 THz,相对带宽达到了 97.8% 和 31%。图 2-13(b)给出了入射波极化角 φ 从 0°到 80°变化时,吸波器吸收性能的变化趋势。可以清晰地看到,无论极化角 φ 如何变化,两个谐振频率处的吸收性能几乎不变,即吸收效果对极化不敏感,从而提高了吸波器的实用性。

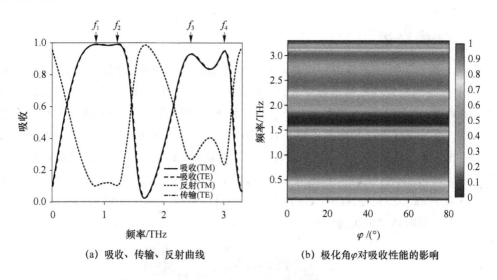

(a) 吸收、传输、反射曲线   (b) 极化角 φ 对吸收性能的影响

图 2-13 双频段宽带吸波器吸收、传输、反射曲线和极化角 φ 对吸收性能的影响

图 2-14(a)给出了当石墨烯的化学势取不同值时双频段宽带吸波器的吸收曲线,其中短划线、点线和实线分别代表 $\mu_c=0$ eV、0.4 eV 和 1.0 eV 时的仿真结果。当 $\mu_c=0$ eV 时,除了 3.099 THz 处的超窄吸收峰之外,吸收的最大值为 18%,此时吸波器对入射波主要起反射作用,处于"关闭"状态。而当 μ_c 增大到 1.0 eV 时,吸波器变成"开启"状态,能够在 0.473~1.407 THz 和 2.273~3.112 THz 两个频段内实现超过 80% 的宽带吸收。图 2-14(b)给出了化学势 μ_c 变化时,吸波器吸收性能的变化趋势。随着 μ_c 的增加,两个吸收峰的幅度都有了显著提高,与此同时,吸收带宽整体变化不大。因此,通过调节外加电压可以使吸波器在"开启"和"关闭"两个状态之间自由切换,以满足不同应用场景下的灵活吸波需求。

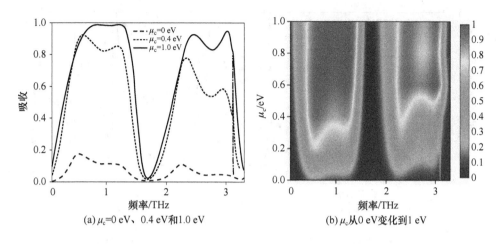

(a) μ_c=0 eV、0.4 eV和1.0 eV　　　　　(b) μ_c从0 eV变化到1 eV

图 2-14　石墨烯化学势 μ_c 的变化对吸收性能的影响

图 2-15 研究了石墨烯碰撞频率 Γ 对吸收性能的影响，当 Γ 从 1 THz 增加到 15 THz 时，吸收的幅值和带宽都得到了显著提升。使用阻抗匹配理论能够很直观地解释这一现象，由公式(2-1)到公式(2-4)可知，化学势 μ_c 和碰撞频率 Γ 都会直接影响石墨烯的介电常数，并会进一步改变吸波器结构的等效阻抗。以化学势 μ_c 为例，图 2-16 给出了 $\mu_c=0$ eV、0.4 eV 和 1.0 eV 时吸波器相对阻抗 z 的实部、虚部曲线。可见在 0.473～1.407 THz 和 2.273～3.112 THz 的频率范围内，随着 μ_c 的增加，相对阻抗的实部逐渐趋近于 1，同时虚部逐渐趋近于 0，这意味着吸波器逐渐与自由空间相匹配，吸波器对入射波的反射逐渐减少，最终实现了高幅度的吸收效果。同样，碰撞频率 Γ 的增加也会引起吸波器等效阻抗的变化，并且会进一步影响吸波器的吸收性能。

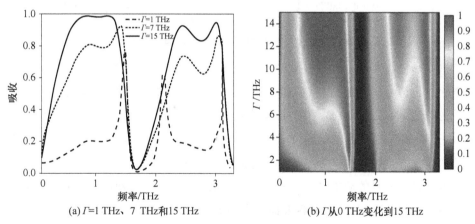

(a) Γ=1 THz、7 THz和15 THz　　　　　(b) Γ从0 THz变化到15 THz

图 2-15　石墨烯碰撞频率对吸收性能的影响

图 2-17(a)研究了介质损耗角正切 $\tan\delta=0$、0.01 和 0.02 时双频段宽带吸波器的吸收效果。图 2-17(b)给出了介质损耗角正切 $\tan\delta$ 对吸收性能的影响。可见介质损耗角的变化只对第二个吸收峰产生了微小的影响，这意味着双频段的宽带吸收效果并不是由介质自身的损耗引起的。

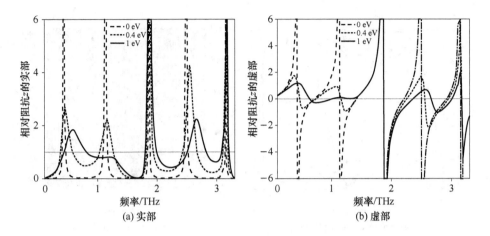

图 2-16　石墨烯化学势 $\mu_c = 0\ \mathrm{eV}$、$0.4\ \mathrm{eV}$ 和 $1.0\ \mathrm{eV}$ 时双频段宽带吸波器的相对阻抗 z

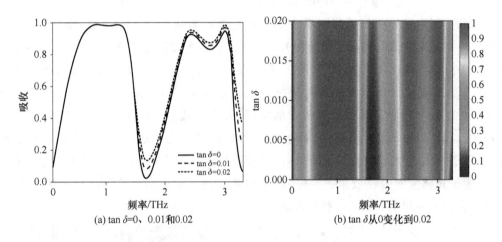

图 2-17　介质损耗角正切对吸收性能的影响

为了进一步探究双频段宽带吸收的物理机制,图 2-18 对石墨烯和介质在吸波器结构中起到的作用进行了分析。图 2-18(a)给出了自由空间中单层石墨烯的吸收、传输和反射曲线。之前的研究表明自由空间中单层吸波材料对单程电磁波的吸收值最高,只能达到 50%[21-22],而从图 2-18 中可以看到,单层石墨烯也满足这一规律,同时随着频率的增加,其对电磁波的吸收会迅速减少。为了增强单层吸波材料的吸收效果,克服 50% 的吸收上限,最常用的方法是在材料的后方增加一个反射镜。在这种情况下,利用入射波与反射镜反射回来的出射波之间的干涉相消,材料表面对电磁波的反射可以大幅降低。按照这种思路设计的石墨烯-介质-金属结构的吸收曲线如图 2-18(b)所示。如果将顶层的石墨烯去掉,剩下的介质-金属结构在 0.87 THz 和 2.54 THz 处仍然存在着两个频率相似但幅度较低的吸收峰,如图 2-18(c)所示。这个现象主要是由介质的法布里-珀罗谐振(Fabry-Perot resonator)引起的,在这种情况下,两个相邻的谐振峰之间的频率差可以表示为[23]

$$\Delta f = \frac{c}{2nd} \tag{2-5}$$

式中,c 是光速,n 是介质材料的折射率,d 是介质的厚度。在本模型中,$n=1.97$,$d=45\ \mu m$,根据公式(2-5)可计算出频率差 $\Delta f = 1.69\ THz$。

图 2-18(d)给出了单层介质板的反射、传输曲线,可见两个谐振峰分别位于 $0.84\ THz$ 和 $2.53\ THz$ 处,与理论计算的结果相吻合。综合观察图 2-18(b)和图 2-18(c)可知,石墨烯层的引入改变了结构的特性阻抗,使其与自由空间更加匹配,因此吸收得到了增强。

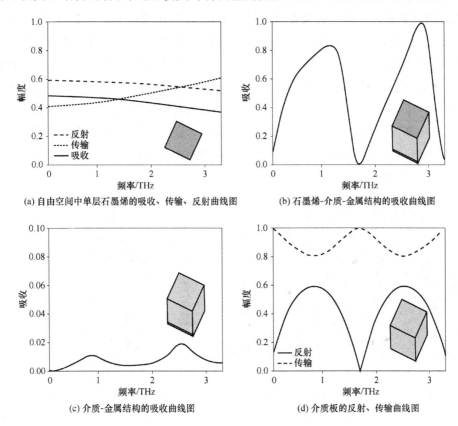

(a) 自由空间中单层石墨烯的吸收、传输、反射曲线图

(b) 石墨烯-介质-金属结构的吸收曲线图

(c) 介质-金属结构的吸收曲线图

(d) 介质板的反射、传输曲线图

图 2-18 石墨烯和介质对吸收的影响

为了继续加强石墨烯-介质-金属结构的吸收幅度和吸收带宽,将带有十字凹槽的介质板放置在结构顶层,最终形成了图 2-12 所示的介质谐振单元-石墨烯-介质-金属结构,即双频段宽带吸波器。与之前的结构相比,双频段宽带吸波器的吸收带宽和幅度都得到了显著提高。图 2-19 给出了双频段宽带吸波器相对阻抗 z 的实部、虚部曲线,在吸收较高的 $0.473\sim1.407\ THz$ 和 $2.273\sim3.112\ THz$ 两个频段内,相对阻抗的实部趋近于 1,虚部趋近于 0,此时吸波器的特性阻抗与自由空

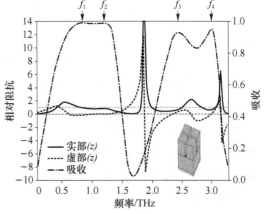

图 2-19 双频段宽带吸波器相对阻抗 z 的实部、虚部曲线图

间阻抗近似相等,结构表面对入射波的反射降到最低,吸收达到了最大值。

图 2-20 分析了 TM 模式下双频段宽带吸波器在图 2-19 中标记的 $f_1 = 0.85\,\text{THz}$、$f_2 = 1.21\,\text{THz}$、$f_3 = 2.45\,\text{THz}$ 和 $f_4 = 3.01\,\text{THz}$ 4 个谐振频率处 yOz 截面的电场分布。在第一个谐振频率 $f_1 = 0.85\,\text{THz}$ 处〔图 2-20(a)〕,电场主要集中在上层介质板的凹槽中;而在第二个谐振频率 $f_2 = 1.21\,\text{THz}$ 处〔图 2-20(b)〕,上层和下层的介质板内均有较强的电场分布,这意味着两者都在该频率的吸收中起到了重要作用;在第四个谐振频率 $f_4 = 3.01\,\text{THz}$ 处〔图 2-20(d)〕,电场呈现出典型的高阶模式,同样增强了结构对电磁波的吸收效果;在仿真过程中笔者发现,在第三个谐振频率 $f_3 = 2.45\,\text{THz}$ 处〔图 2-20(c)〕,石墨烯与介质分界面附近的电场分布会随着相位的改变而发生剧烈变化,这与其他 3 种情况有着明显的不同。为了更直观地分析这一现象,图 2-21 给出了 TM 模式下双频段宽带吸波器在 $f_3 = 2.45\,\text{THz}$ 处 yOz 截面的电场 z 分量分布。可以清晰地看到,由于产生了石墨烯表面等离子体共振(graphene plasmon resonances),电场被局限在两种材料的分界面上,进而限制了入射波的传播,起到了增强吸收的效果。

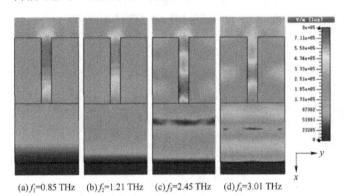

| (a) f_1=0.85 THz | (b) f_2=1.21 THz | (c) f_3=2.45 THz | (d) f_4=3.01 THz |

图 2-20　TM 模式下双频段宽带吸波器在 $x = 25\,\mu\text{m}$ 处 yOz 截面的电场分布图

图 2-21　TM 模式下双频段宽带波器在 $f_3 = 2.45\,\text{THz}$、$x = 25\,\mu\text{m}$ 处 yOz 截面的电场 z 分量分布图

双频段宽带吸波器也能够在多种入射角度下维持不错的吸收性能。图 2-22 分析了在斜入射时,不同入射角 θ 下吸波器的吸收效果,左侧为 TE 模式,右侧为 TM 模式。对于第一个工作频段,在两个模式下的吸收性能在入射角小于 70° 时几乎不变,随着 θ 的增大,吸收的频率会向高频移动,同时吸收带宽也略有增加。对于第二个工作频段,在 TE 模式下,吸收的频率随着入射角的增大逐步向高频移动,同时带宽逐渐减小;而在 TM 模式下,宽带吸收峰会随着 θ 的增大逐步分裂成两个独立的吸收峰,呈现双频段的吸收特性。图 2-23 给出了入射角 $\theta = 70°$ 时,吸波器在 $f_1 = 0.85\,\text{THz}$ 和 $f_2 = 1.21\,\text{THz}$ 处的电场分布图。与电磁波垂直入射时相同频率的电场分布〔图 2-20(a) 和图 2-20(b)〕相类似,电场仍然集中在上层介质板的凹槽以及下层介质板的顶部,因此,高幅度的宽带吸收效果可以维持到 $\theta = 70°$。

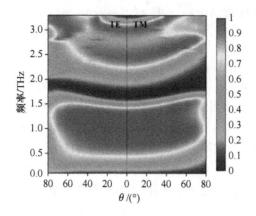

图 2-22 不同入射角 θ 下的吸收效果图

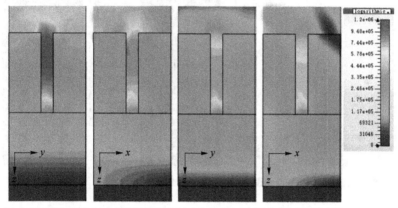

(a)f_1=0.85 THz(TM) (b)f_1=0.85 THz(TE) (c)f_2=1.21 THz(TM) (d)f_2=1.21 THz(TE)

图 2-23 入射角 θ=70°对应的双频段宽带吸波器电场分布图

值得一提的是,在图 2-24 中,无论石墨烯的化学势 μ_c 如何变化,在 3.099 THz 处总存在一个超窄的吸收峰。这种现象是由光子晶体中的波导共振[24-25]引起的,并且可以由耦合模理论(Coupled-Mode Theory,CMT)[26-28]来描述。如果将吸波器中的石墨烯层去掉,剩下的介质-介质-金属结构由于传输为 0,可以视为一个单端口系统。当频率为 ω 的电磁波垂直入射到端口上时,根据能量守恒以及时间反演对称性,整个系统可以使用下列方程来描述:

$$\frac{\mathrm{d}a}{\mathrm{d}t} = (\mathrm{j}\omega_0 - \gamma - \delta)a + \mathrm{j}\sqrt{2\gamma}S_+ \tag{2-6}$$

$$S_- = -S_+ - \mathrm{j}\sqrt{2\gamma}a \tag{2-7}$$

式中 S_+ 和 S_- 分别是归一化输入波和输出波的振幅,a 是引导共振的归一化振幅,其谐振频率为 ω_0,γ 和 δ 分别是引导共振的振幅随时间的变化率以及光子晶体中的耗散损失。利用公式(2-6)和公式(2-7)可以计算出系统的反射系数 r:

$$r = \frac{S_-}{S_+} = -\frac{\mathrm{j}(\omega - \omega_0) + \delta - \gamma}{\mathrm{j}(\omega - \omega_0) + \delta + \gamma} \tag{2-8}$$

最终,系统对电磁波的吸收率 $A=1-|r|^2$ 可以表示为

$$A = \frac{4\delta\gamma}{(\omega-\omega_0)^2+(\gamma+\delta)^2}$$ (2-9)

当系统发生共振时,$\omega=\omega_0$,若 γ 和 δ 具有相同的数值,则反射 r 近似为 0,结构实现近完美的吸收效果。图 2-24(a)给出了介质-介质-金属结构在 3.099 THz 处窄带吸收峰的 CST 仿真结果与 CMT 拟合结果,通过调整公式(2-9)中的参数,可以实现拟合曲线与仿真曲线的匹配。在该结构中,拟合所使用的参数为 $\omega_0=3.099\,\text{THz}$,$\gamma=\delta=5.5\times10^9\,\text{Hz}$。图 2-26(b)和图 2-26(c)分别给出了介质-介质-金属结构在 3.099 THz 处的电场分布图和磁场分布图,可见电场与磁场都被限制在下层的介质板内部,进而抑制了结构的传输与反射,表现出窄带的吸收特性。

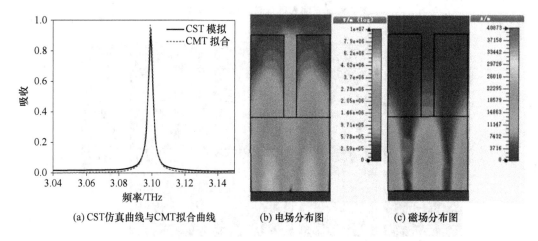

(a) CST仿真曲线与CMT拟合曲线　　(b) 电场分布图　　(c) 磁场分布图

图 2-24　介质-介质-金属结构在 3.099 THz 处窄带吸收峰 CST 仿真曲线
与 CMT 拟合曲线对比及 TM 模的电、磁场分布图

2.4　太赫兹双十字形吸波器的仿真与测试

2.4.1　结构描述

图 2-25 给出了太赫兹双十字形吸波器的结构单元示意图,该结构共有 3 层:最上层是由一大一小两种十字形金属贴片周期性排列组成的;最下层是金属底板,其厚度远大于金属在该频段的趋肤深度;中间层是一块介质平板,将上、下两部分分隔开来。该结构的几何参数为 $P_x=900\,\mu m$,$P_y=2P_x$,$L_1=400\,\mu m$,$L_2=600\,\mu m$,$w_1=w_2=300\,\mu m$,$d=400\,\mu m$,$h=370\,\mu m$。介质平板的材料为 FR4,其相对介电常数为 $\varepsilon_r=4.4$,损耗角的正切为 $\tan\delta=0.03$[29]。金属贴片和金属底板的材料都是铜,厚度 $t=18\,\mu m$,电导率为 $\sigma=5.8\times10^7\,\text{S/m}$。

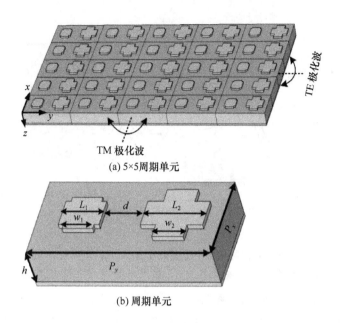

(a) 5×5周期单元

(b) 周期单元

图 2-25 太赫兹双十字形吸波器结构示意图

2.4.2 仿真结果与分析

图 2-26 给出了顶层贴片为 4 种不同配置时的吸收曲线。其中短划线代表顶层无十字贴片时介质-金属结构的仿真结果;点线和点划线分别代表顶层只有小十字贴片的小十字结构以及顶层只有大十字贴片的大十字结构的仿真结果;短划线和实线分别代表 TE 模式(电场方向沿 x 轴)和 TM 模式(电场方向沿 y 轴)下双十字结构的吸收曲线。可见介质-金属结构在 $f_0 = 0.293$ 处存在一个吸收峰,同时其他 3 种结构均在该频率处实现了较高的吸收效果。这种现象可以使用干涉相消理论来解释:谐振频率 $f_0 = 0.293$ 可以转化为波长 $\lambda_0 = 1\ 024\ \mu m$,对应介质中的波长 $\lambda'_0 = \lambda_0/n = 488\ \mu m$,其中 $n = 2.098$ 是 FR4 介质的折射率。在本结构中,FR4 的厚度 $h = 370\ \mu m \approx 3\lambda_0/4$,恰好接近 $\lambda_0/4$ 的 3 倍。当电磁波垂直入射时,发生干涉相消需要满足公式 $4nd = (2k-1)\lambda\ (k=1,2,3,\cdots)$,其中 n 是材料折射率,d 是材料厚度。因此,入射波的反射部分与铜底板反射回来的出射波干涉相消,吸波器表面对入射波的反射大幅降低,最终导致吸收值的上升。图 2-26 中的小十字结构和大十字结构分别只给出了一条吸收曲线,这是因为这两种结构都是对称的,在 TE、TM 两种极化模式下具有完全相同的性能。对于小十字结构(点线),3 个吸收峰分别出现在 0.275 THz、0.294 THz 和 0.318 THz 处。而大十字结构(点划线)有 4 个吸收峰,两个较高的吸收峰出现在 0.289 THz 和 0.3 THz 处,两个较低的吸收峰出现在 0.27 THz 和 0.33 THz 处。双十字结构则是极化敏感的,但由于两个贴片之间的耦合效应,该结构在 TE、TM 两种模式下的吸收效果更强,对应的 3 dB 相对带宽分别为 7% 和 11%。此外,观察吸收曲线可以发现 TE 模式下双十字结构的吸收效果与大十字结构的结果较为接近,而 TM 模式下则与小十字结构的结果更加相似。

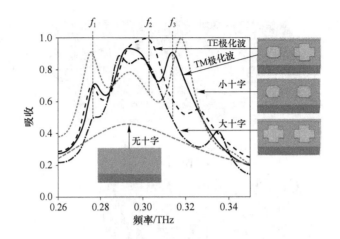

图 2-26　顶层无贴片时(短划线),顶层只有小十字贴片时(点线),顶层只有大十字贴片时(点划线),
顶层为大、小十字贴片混合阵列时(短划线为 TE 模式,实线为 TM 模式)相应结构的吸收曲线

为进一步分析吸收的物理机制,图 2-27(a)到图 2-27(f)给出了双十字吸波器在 $f_1 =$ 0.276 THz、$f_2 = 0.302$ THz 和 $f_3 = 0.314$ THz 3 个谐振频率(见图 2-26 中的标记)处的电场分布,其中图 2-27(a)、图 2-27(c)和图 2-27(e)代表 TE 模式下的结果,图 2-27(b)、图 2-27(d)和图 2-27(f)代表 TM 模式下的结果。从图 2-26 中可以看出,小十字结构和大十字结构在 $f_1 = 0.276$ THz 处均有一个吸收峰,吸收幅值分别为 0.9 和 0.5。而双十字吸波器介于这两个结构之间,吸收幅值约为 0.7。这说明双十字吸波器在 $f_1 = 0.276$ THz 处的吸收性能同时受到大十字贴片和小十字贴片的影响,其中小十字贴片起主要作用。图 2-27(a)和图 2-27(b)给出了两种极化模式下双十字吸波器在 $f_1 = 0.276$ THz 处的电场分布。可见在大、小两种十字贴片的边缘附近都有较强的电场分布,同时,小十字贴片周围的电场强度更强一些,与之前得出的结论相吻合。在第二个谐振频率 $f_2 = 0.302$ THz 处,大十字贴片周围的电场强度要明显强于小十字贴片,如图 2-27(c)和图 2-27(d)所示,这代表在该频率处大十字贴片对吸收的贡献更大。同样,该分布在图 2-26 中也能找到对应的结果,$f_2 = 0.302$ THz 处大十字结构的吸收幅度为 0.85,明显高于小十字结构的吸收幅度 0.65。图 2-27(e)和图 2-27(f)展示了第三个谐振频率 $f_3 = 0.314$ THz 处双十字吸波器的电场分布,对于 TE 模式,绝大多数电场集中在大十字贴片附近,而对于 TM 模式,由于小十字贴片的谐振作用,两个贴片之间的电场强度得到了显著增强。

图 2-28(a)到图 2-28(c)分别绘制了电磁波斜入射时,不同入射角 θ 下小十字、大十字和双十字吸波器的吸收效果图,其中左侧为 TM 模式,右侧为 TE 模式。通过观察图 2-28(c)可以发现,双十字吸波器的吸收效果可以近似看作另外两种结构吸收效果的叠加,同时吸收的幅度和带宽都得到了增强,所以双十字吸波器具有更好的吸收性能。在 TE 模式下,当入射角小于 25°时,吸收的中心频率在 0.3 THz 附近,而当入射角继续增加时,中心频率会向高频移动;在 TM 模式下,随着入射角的增加,吸收峰会逐渐移动到 3.15 THz 处,然后频率位置保持不变,吸收带宽持续变大,最终实现高效率的宽带吸收效果。综上所述,双十字吸波器能够在多种斜入射角度下实现良好的宽角度吸收特性。

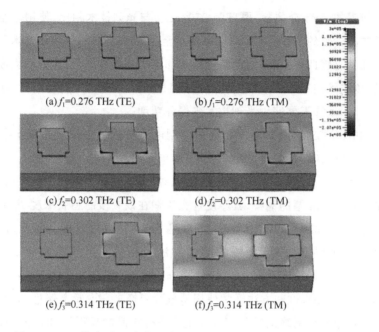

(a) $f_1 = 0.276$ THz (TE)　　　　(b) $f_1 = 0.276$ THz (TM)

(c) $f_2 = 0.302$ THz (TE)　　　　(d) $f_2 = 0.302$ THz (TM)

(e) $f_3 = 0.314$ THz (TE)　　　　(f) $f_3 = 0.314$ THz (TM)

图 2-27　TE 模式下，双十字吸波器在 $f_1 = 0.276$ THz、$f_2 = 0.302$ THz
和 $f_3 = 0.314$ THz 处的电场分布图，以及 TM 模式下，双十字吸波器在 $f_1 = 0.276$ THz、
$f_2 = 0.302$ THz 和 $f_3 = 0.314$ THz 处的电场分布图

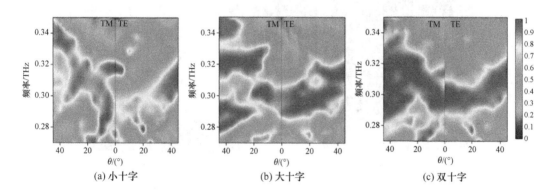

(a) 小十字　　　　　　　(b) 大十字　　　　　　　(c) 双十字

图 2-28　不同入射角 θ 下吸波器的吸收效果

2.4.3　加工与测试结果

太赫兹波段的超材料吸波器一般是通过光刻技术(lithographic technique)制备的，例如光蚀刻技术(photo-lithographic method)和电子束曝光法(electron beam lithographic method)等，使用这些工艺加工超材料吸波器的步骤可以概括为：首先，通过电子束热蒸发的方式沉积金属底板，然后使用旋涂法在其表面涂上固定厚度的介质，之后再在介质上沉积一层金属并进行剥离处理(lift off process)，最终制作出想要的金属图案。不同于之前报道的加工方式，本样品是通过微波器件中常用的印制电路板(Printed Circuit Board，PCB)技术制备而成的，

材料选用双面镀铜的 FR4 介质板,厚度为 370 μm。与光刻技术相比,使用印制电路板技术制备的样品成本减少了约 10%,制作周期减少了至少 50%,此外,使用该技术还可以对吸波器进行大面积加工。因此,使用印制电路板技术加工样品具有廉价、高效和大面积批量生产的优点。但是,该技术加工的最小线宽只能达到 150 μm,具有一定的局限性,在加工太赫兹波段高频率器件时,往往需要使用光刻技术来保证精度。

图 2-29(a)和图 2-29(b)分别给出了使用印制电路板技术制作出的双十字吸波器样品正面和背面的影像图,该样品包含 25×50 个周期单元,尺寸为 5 cm×5 cm。两幅图之间的空白处插入了一张 5×5 周期单元的放大图,可以看出,顶层的金属图案具有较高的一致性。样品的背面是一块 18 μm 厚的铜板,其厚度远大于铜在该频段的趋肤深度,没有电磁波能够穿透过去。因此,在测试中可以不用考虑透射的部分,只需要测量样品的反射谱,即可得到对应的吸收谱。在太赫兹波段,传统的测试方法包括傅里叶变换红外光谱法(fourier transform infrared spectrometry)和太赫兹时域光谱法(Terahertz Time-Domain Spectroscopy,THz-TDS),这些方法通常使用傅里叶变换来获取频谱信息,需要较长的样品扫描时间。而太赫兹矢量网络测试系统可以直接获得样品的反射谱和传输谱,节省了大量时间,同时,利用准光学测试平台中的圆弧形滑轨,可以轻松地改变样品的位置,从而获取不同入射角度下的测试数据。

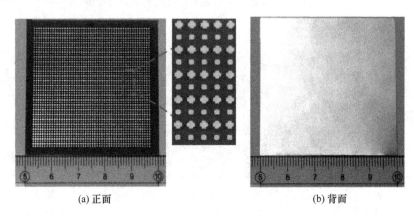

(a) 正面   (b) 背面

图 2-29　使用印制电路板技术制作出的双十字吸波器样品

图 2-30(a)到图 2-30(d)分别给出了双十字吸波器在入射角 $\theta=0°$、$10°$、$30°$ 和 $40°$ 时反射曲线(S_{11})的仿真(虚线)与测试结果(实线)。由于入射喇叭的限制,这里只给出了 TE 模式下的测试结果。当入射角为 $0°$ 和 $10°$ 时,样品的测试结果与仿真结果具有较高的吻合度,同时中心频率有少量偏移;而当入射角为 $30°$ 和 $40°$ 时,测试结果中反射的幅值更低,吸收效果更好。导致这种现象的因素有很多,例如加工时的尺寸误差,介质材料的介电常数与损耗差异,测试时测量角度的微小偏差等。总的来说,双十字吸波器样品的测试结果与仿真结果具有较高的一致性,从而验证了该结构的可行性与可靠性。

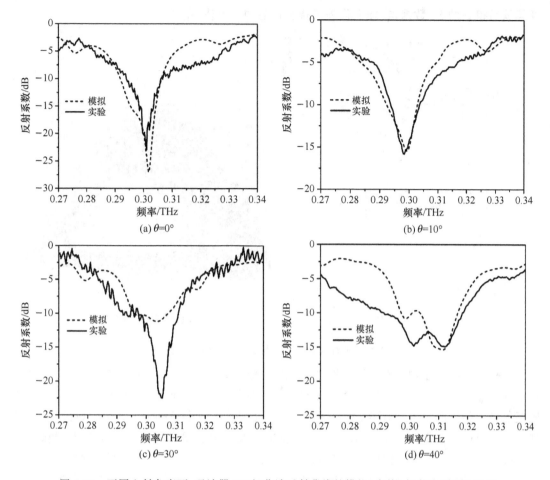

图 2-30　不同入射角度下,吸波器 TE 极化波反射曲线的模拟(虚线)与实验(实线)对比

2.5　太赫兹矢量网络测试系统

2.5.1　测试系统简介

图 2-31(a)给出了垂直入射时,利用太赫兹矢量网络测试系统测量的原理框图。最终搭建出的系统实物图如图 2-31(b)所示。垂直入射时,测试系统的工作原理如下。首先,微波矢量网络分析仪产生的低频率信号经太赫兹矢量测量收发模块倍频后转换为高频信号。信号通过喇叭 1 天线的辐射,经分束器和椭圆反射镜后聚焦,样品位置恰好放在聚焦后的束腰上。因此,入射到样品的波近似为平面波,正好与软件仿真中入射波的设置相吻合。同时,由于测试样品的背面为金属,没有电磁波能够穿过样品进行传输,故不需要对样品的传输特性进行测量。待测样品反射回来的波经椭圆反射镜和分束器后由喇叭 2 天线接收,并在后续模块进行处理和分析。在系统中,分束器能够实现良好的收发隔离,而吸波材料主要用于吸收冗余的反射波。在实际测量的过程中,矢量网络分析仪需要进行校准,以便获得更精确的样品数据,可以利用测试样品背面的金属来辅助校准。需要特别说明的是,矢量网络分析

仪解调后得到的 S_{21} 数据,实际上代表了待测样品的反射值 S_{11}。

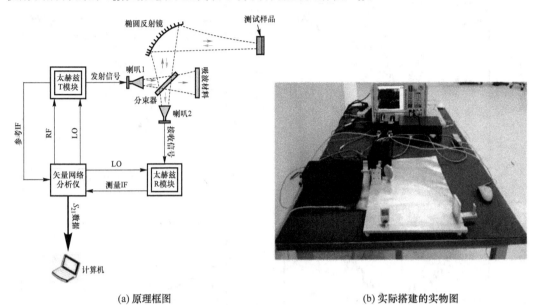

(a) 原理框图   (b) 实际搭建的实物图

图 2-31 垂直入射时的太赫兹矢量网络测试系统

与垂直入射相比,斜入射时的太赫兹矢量网络测试系统的搭建方式略有不同,如图 2-32(a)所示,它是由两个椭圆反射镜、一个可转动的样品夹和一条圆弧形滑轨组成的。喇叭 1 和椭圆反射镜 1 始终固定不动,喇叭 2 和椭圆反射镜 2 安装在一个子平台上,子平台可以沿滑轨转动。通过改变子平台的位置,使两个椭圆反射镜波束中心线之间的夹角等于 2θ,同时,将样品夹顺时针旋转 θ 角,这样即可测出样品在电磁波以 θ 角斜入射时的反射或吸波特性。斜入射时太赫兹矢量网络测试系统的工作原理和垂直入射时基本相同,在此不再赘述。实际搭建的实物图如图 2-32(b)所示。

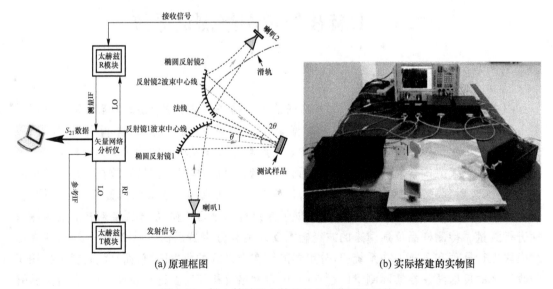

(a) 原理框图   (b) 实际搭建的实物图

图 2-32 斜入射时的太赫兹矢量网络测试系统

2.5.2　测试步骤

（1）垂直入射测试

利用垂直入射时对应的原理框图,搭建实验测试系统。将待测样品放在样品夹上,利用样品背面的金属对入射波进行校准,使反射曲线处于 0 dB 位置。然后将样品反转,测得垂直入射时对应的反射曲线,利用网络分析仪保存测试数据和测试曲线,其中测试数据包括反射曲线的实部和虚部,测试曲线则为图片格式。

（2）15°角斜入射测试

利用斜入射对应的原理框图,搭建实验测试系统。在测试时,保持入射喇叭和椭圆反射镜 1 固定不动,将接收喇叭和椭圆反射镜 2 安装在子平台上,调整子平台的位置,使两个反射镜的波束中心线构成 30°角。利用样品背面的金属对入射信号进行校准。然后旋转样品,并与入射镜波束中心线构成 15°入射角,这样可以测出样品在 15°角斜入射对应的反射曲线,最后,利用网络分析仪保存测试数据和测试曲线。

（3）30°角斜入射测试

保持发射喇叭和椭圆反射镜 1 固定不动,将接收喇叭和椭圆反射镜沿滑轨转动,使两个反射镜的波束中心线构成 60°角。利用样品背面的金属对入射信号进行校准。然后旋转样品,并与入射镜波束中心线构成 30°入射角,即可测出样品 30°角斜入射时对应的反射曲线,最后,利用网络分析仪保存测试数据和测试曲线。

2.6　本章小结

本章首先提出了基于石墨烯的两种可调宽带太赫兹吸波器。一种是单频段宽带滤波器,另一种是双频段宽带滤波器。两种结构均采用对称设计,具有极化不敏感和宽角度的吸收特性。相比于现有的研究成果,由于石墨烯的连接或单层无图形化结构,所以石墨烯可调宽带太赫兹吸波器更利于加工和电压控制。此外,本章还提出了一种太赫兹波段的宽角度吸波器,并进行了仿真分析与实验验证。由于采用电路板印刷技术,所以其制作成本大大地降低了。具体结论如下:

① 本章介绍了单频段宽带吸波器。单频段宽带吸波器利用石墨烯图案-介质-金属的三层结构,在 7～9.25 THz 的频率范围内,实现了对入射线极化波的可调宽带吸收,其 90% 吸收带宽达到了 2.25 THz,对应的相对带宽为 27.9%。吸收效果可以由阻抗匹配理论以及局域表面等离子体共振来解释。通过调节外加电压,可以改变石墨烯的化学势,从而对吸波器的性能进行调控,这说明吸波器具有明显的可调特性。此外,通过组合多个大小不同的圆环孔洞,可以进一步提升吸波器的性能。增强版的双环吸波器能够在 6.63～9.84 THz 的频率范围内,实现超过 90% 的吸波效果,带宽增加到 3.2 THz,对应的相对带宽提升到 39.3%。

② 本章介绍了双频段宽带吸波器。双频段宽带吸波器采用介质谐振单元-石墨烯-介质-金属的四层结构,兼具双频段吸收和宽带吸收特性,在 0.473～1.407 THz 和 2.273～3.112 THz 两个频率范围内均实现了超过 80% 的吸波效果,带宽分别为 0.934 THz 和 0.839 THz,对应的相对带宽达到了 97.8% 和 31%。通过调节石墨烯的化学势,能够使吸

波器在"开启"(吸收＞80％)和"关闭"(反射＞90％)状态之间自由切换,故吸波器具有极高的灵活性。同时,双频段宽带吸波器使用无图案的单层石墨烯,避免了对石墨烯层的直接加工,大大地降低了实现难度。

③ 本章提出了一种太赫兹波段的双十字吸波器。该结构通过组合大、小两种十字形的金属贴片,在多种入射角度下实现了高效的吸收效果。在 TE 模式下,吸收峰值位于 0.302 THz 处,而在 TM 模式下,吸收峰值则位于 0.293 THz 和 0.314 THz 处。与太赫兹波段常用的光刻加工法不同,该结构采用印制电路板技术制作,具有低成本、高效率和大面积批量加工的优点。同时,使用太赫兹矢量网络测试系统,可以直接得到样品在不同入射角度下的吸收性能。当入射角为 0°和 10°时,样品的测试结果与仿真结果具有较高的吻合度,而当入射角为 30°和 40°时,由于误差等因素,测试结果中的反射值更低,吸收效果更好。

④ 本章介绍了太赫兹矢量网络测试系统在对吸波器进行垂直入射和斜入射测量时的工作原理和具体步骤。在垂直入射测试时,测量信号通过喇叭天线的辐射,经分束器和椭圆反射镜后聚焦,样品位置恰好放在聚焦后的束腰上。因此,入射到样品的波近似为平面波。在斜入射测试时,太赫兹矢量网络测试系统需要增加一个可转动的样品夹和一条圆弧形的滑轨平台。通过改变平台的位置使两个椭圆反射镜波束中心线之间的夹角等于 2θ,同时,将样品夹顺时针旋转 θ 角,这样即可测出样品在电磁波以 θ 角斜入射时的反射特性。

本章参考文献

[1] 张勇,张斌珍,段俊萍,等. 超材料在完美吸波器中的应用[J]. 材料工程,2016,44(11):120-128.

[2] Landy N I,Sajuyigbe S,Mock J J,et al. Perfect metamaterial absorber [J]. Physical Review Letters,2008,100(20):207402.

[3] Tao H,Bingham C M,Strikwerda A C,et al. Highly flexible wide angle of incidence terahertz metamaterial absorber:design, fabrication, and characterization [J]. Physical Review B,2008,78(24):241103.

[4] Torabi E S,Fallahi A,Yahaghi A. Evolutionary optimization of graphene-metal metasurfaces for tunable broadband terahertz absorption [J]. IEEE Transactions on Antennas and Propagation,2017,65(3):1464-1467.

[5] Arik K,AbdollahRamezani S,Khavasi A. Polarization insensitive and broadband terahertz absorber using graphene disks [J]. Plasmonics,2017,12(2):393-398.

[6] Xu Z H,Wu D,Liu Y M,et al. Design of a tunable ultra-broadband terahertz absorber based on multiple layers of graphene ribbons [J]. Nanoscale Research Letters,2018,13(1):143-143.

[7] Chen M,Sun W,Cai J J,et al. Frequency-tunable terahertz absorbers based on graphene metasurface [J]. Optics Communications,2017,382:144-150.

[8] Wang L,Ge S J,Hu W,et al. Graphene-assisted high-efficiency liquid crystal tunable terahertz metamaterial absorber [J]. Optics Express,2017,25(20):23873-23879.

[9] Wang R X,Li L,Liu J L,et al. Triple-band tunable perfect terahertz metamaterial

absorber with liquid crystal [J]. Optics Express,2017,25(26): 32280-32289.

[10] Song Z Y,Wang K,Li J W,et al. Broadband tunable terahertz absorber based on vanadium dioxide metamaterials [J]. Optics Express,2018,26(6): 7148-7154.

[11] Qi L M,Liu C, Zhang X,et al. Structure-insensitive suitchable terahertz broadband metamaterial absorbers[J]. Applied Physics Express,2019,12(6): 062011.

[12] Liu C,Qi L M,Zhang X. Broadband graphene-based metamaterial absorbers [J]. AIP Advances,2018,8(1): 015301.

[13] Qi L,Liu C,Shan S M A. A broad dual-band switchable graphene-based terahertz metamaterial absorber[J]. Carbon,2019(153): 179-188.

[14] Qi L,Liu C. Terahertz wide-angle metamaterial absorber fabricated by printed circuit board technique [J]. Journal of Applied Physics,2018,124(15): 153101.

[15] Kaipa C S R,Yakovlev A B,Hanson G W,et al. Enhanced transmission with a graphene-dielectric microstructure at low-terahertz frequencies [J]. Physical Review B,2012,85(24): 245407.

[16] Hanson G W. Dyadic Green's functions and guided surface waves for a surface conductivity model of graphene [J]. Journal of Applied Physics,2008,103(6): 064302.

[17] Gusynin V P,Sharapov S G,Carbotte J P. Magneto-optical conductivity in graphene [J]. Journal of Physics: Condensed Matter,2006,19(2): 026222.

[18] Amin M,Farhat M,Bagci H. An ultra-broadband multilayered graphene absorber [J]. Optics Express,2013,21(24): 29938-29948.

[19] Yao G,Ling F R,Yue J,et al. Dual-band tunable perfect metamaterial absorber in the THz range [J]. Optics Express,2016,24(2): 1518-1527.

[20] Zhang Y P,Li T T,Chen Q,et al. Independently tunable dual-band perfect absorber based on graphene at mid-infrared frequencies [J]. Scientific Reports, 2015 (5): 18463.

[21] Hadley L N,Dennison D M. Reflection and transmission interference filters Part I. Theory [J]. JOSA,1947,37(6): 451-465.

[22] Botten L C,McPhedran R C,Nicorovici N A,et al. Periodic models for thin optimal absorbers of electromagnetic radiation [J]. Physical Review B,1997,55(24): R16072.

[23] Munk B A. Frequency selective surfaces: theory and design [M]. New Jersey: John Wiley & Sons,2005.

[24] Fan S,Joannopoulos J D. Analysis of guided resonances in photonic crystal slabs [J]. Physical Review B,2002,65(23): 235112.

[25] Rosenberg A,Carter M W,Casey J A,et al. Guided resonances in asymmetrical GaN photonic crystal slabs observed in the visible spectrum [J]. Optics Express, 2005,13(17): 6564-6571.

[26] Haus H A,Huang W. Coupled-mode theory [J]. Proceedings of the IEEE,1991, 79(10): 1505-1518.

[27] Li Q,Wang T,Su Y K,et al. Coupled mode theory analysis of mode-splitting in

coupled cavity system [J]. Optics Express,2010,18(8)：8367-8382.

[28] Li H J,Qin M,Wang L L,et al. Total absorption of light in monolayer transition-metal dichalcogenides by critical coupling [J]. Optics Express, 2017, 25 (25)：31612-31621.

[29] Chakraborty S,Srivastava S. Ku band annular ring antenna on different PBG substrate [J]. International Journal of Modern Engineering Research,2012,2(6)：4726-4731.

第3章 太赫兹超材料电磁诱导透明结构

3.1 前　　言

电磁诱导透明(Electromagnetically-Induced Transparency,EIT)是原子物理学中一个很重要的物理现象[1-3],其本质是在共振条件下,即当光的频率与相应的原子跃迁频率相匹配时,光原子激发通道之间的量子相消相干,使得介质在一个宽的吸收带中产生了一个很窄的透射峰。近年来,超材料的出现为 EIT 的实现提供了新的思路,并在微波、太赫兹(THz)波和光学波段引起了人们的广泛关注。2012 年,刘冉等[4]设计了金属分裂环谐振结构的超材料,实验发现该平面超材料的电磁响应可类比经典的电磁诱导透明现象。2014 年,Zhang等[5]提出了基于超材料的双频段 EIT 结构,通过构造 3 个金属谐振结构,实现了电磁诱导透明现象。通常金属结构 EIT 的 Q 值是小于 10 的,2014 年,Yang[6] 等设计了纯介质的EIT 结构,这种由矩形条谐振器和环形谐振器构成的纯硅结构的 EIT 可实现高达 483 的 Q 值,从而在传感方面具有重要的应用。

通常,超材料 EIT 结构的透明窗都在固定频率,若调节透明窗的频率或幅度,必须改变结构的几何参数,而这对于已加工好的器件是很难实现的。因此,如何通过调节外部参数实现可调的 EIT 现象,是目前的一个研究热点。2015 年,M. Amin 等[7]提出了在超材料中引入石墨烯,形成石墨烯和金属方环组合的 EIT 结构。模拟发现通过改变石墨烯上的外加电压能够实现对 EIT 现象的动态可调。2015 年,Wang[8]提出了三层石墨烯波导结构,模拟发现通过改变外加电压可在太赫兹频段改变 EIT 的工作频率和透射率。2016 年,Ding 等[9]设计了基于石墨烯谐振线状的超材料 EIT 结构,在太赫兹频率范围观察到了可调的 EIT 现象。2017 年,He 等[10]提出了基于石墨烯条和环的电磁诱导透明结构,模拟发现可以通过分别调节条和环结构的石墨烯来实现可调的 EIT 特性。2018 年,Xiao 等[11]在石墨烯条上构造了金属线和金属方环,通过调节石墨烯的电压实现了可调 EIT 现象。为得到极化不敏感的可调 EIT 结构,2016 年,Chen 等[12]提出了多层石墨烯方块-介质组成的 EIT 结构,利用介质间石墨烯的相互谐振效应得到了多频段的极化不敏感的 EIT 现象,理论结果和模拟结果一致。

针对电磁诱导透明的动态可调问题,众多研究者已经提出了较多的实现方案,但是在以上提出的超材料 EIT 结构中,除 M. Amin 提出的模型[7](金环和方形石墨烯复合结构)和X. Chen 等[12]提出的多层石墨烯-介质结构外,其他结构均在一种极化方向下存在 EIT 现象或者具有极化敏感特性。

本章基于电磁超材料设计了几种极化不敏感的 EIT 结构。首先本章提出了基于石墨烯的可调 EIT 结构,不仅实现了极化不敏感,同时实现了对 EIT 现象的动态可调。其次本章设计了基于石英基底的非可调 EIT 结构,并进行了加工和测试,测试结果和模拟结果基本一致,从而为太赫兹极化不敏感的 EIT 结构提供了理论指导和技术支持。

3.2　基于石墨烯的邻边开口 EIT 结构

3.2.1　结构模型

本节设计的邻边开口方环结构的周期单元如图 3-1(a)所示。具体参数为:周期 $L=6.25\ \mu m$,外正方形宽 $L_1=5.5\ \mu m$,内正方形宽 $L_2=3.3\ \mu m$,开口宽度 $w=0.7\ \mu m$,开口位置离中心的偏移量 $d=0.8\ \mu m$,介质厚度为 50 nm,介质的相对介电常数和损耗角正切分别为 $\varepsilon_r=4.41$ 和 $\tan\delta=0.000\ 4$。

石墨烯介电常数计算公式如下[13-15]:

$$\varepsilon(\omega)=1+j\frac{\sigma}{h_1\omega\varepsilon_0} \tag{3-1}$$

石墨烯的电导率表达式为

$$\sigma_{graphene}=\sigma_{intra}+\sigma_{inter} \tag{3-2}$$

其中,石墨烯电导率 $\sigma_{graphene}(\omega)$ 可用带间电导率 $\sigma_{intra}(\omega)$ 与带内电导率 $\sigma_{inter}(\omega)$ 之和表示,它们的表达式分别为

$$\sigma_{intra}=-j\frac{e^2k_BT}{\pi\hbar^2(\omega-j\Gamma)}\left[\frac{\mu_c}{k_BT}+2\ln(e^{-\mu_c/(k_BT)}+1)\right] \tag{3-3}$$

$$\sigma_{graphene}=\sigma_{intra}+\sigma_{inter} \tag{3-4}$$

上述表达式中,e 是电子电量,ω 是角频率,T 是温度,μ_c 是化学势,Γ 为载流子散射率,h_1 代表石墨烯厚度。在本节的仿真中,若没有特殊说明,取石墨烯的化学势 $\mu_c=0.5\ eV$,$T=300\ K$,$\Gamma=2.4\ THz$。在 CST 中导入石墨烯材料时,先通过 Matlab 计算得到石墨烯介电常数的实部和虚部,然后在 CST 里新建材料,将计算得到的介电常数结果导入新建的 Dispersion 材料内并完成石墨烯的创建。

3.2.2　结果分析

图 3-1(b)给出了电磁波垂直入射时 TM 极化波(实线)和 TE 极化波(虚线)的传输曲线。可见两种极化波的传输都出现了 EIT 现象,并且对应的曲线完全重合,从而表明该结构具有极化不敏感特性。为使读者更好地理解电磁诱导透明现象的物理含义,图 3-2(a)、图 3-2(b)和图 3-2(c)分别给出了邻边开口结构在对应图 3-1(b)的 3 个谐振频率 2.24 THz、2.94 THz 和 3.92 THz 处的表面电流分布。可见,在谐振频率 2.24 THz 处,电流沿逆时针方向形成环形电流,产生类 LC 谐振,类似于单个开口谐振环的 LC 谐振,没有形成明显的电偶极矩,只能与入射场形成很弱的耦合,电磁波损耗较少,属于暗模式。在谐振频率 3.92 THz 处,表面电流形成上下方向对称的偶极电流,电流强度较强,形成电偶谐振,可与入射波形成强耦合,电磁波损耗较大,属于明模式。位于 EIT 谐振频率 2.94 THz 的表面电流由于明模式与暗模式的相干相消,表面电流强度明显减弱,明模式和暗模式均得到抑制,从而在一个宽的吸收带中形成一个窄带的透明窗,进而形成 EIT 现象。

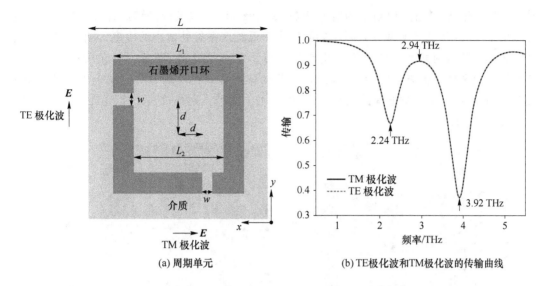

(a) 周期单元   (b) TE极化波和TM极化波的传输曲线

图 3-1 邻边开口方环结构的周期单元及其对应的传输曲线

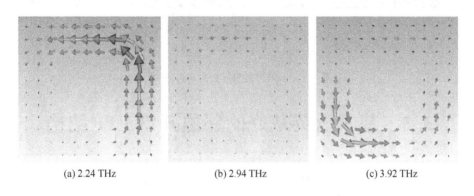

(a) 2.24 THz   (b) 2.94 THz   (c) 3.92 THz

图 3-2 邻边开口结构在不同谐振频率处的表面电流分布

石墨烯材料的研究热点在于可以通过改变外加电压来动态调节石墨烯的电导率或介电常数。图 3-3 给出了极化不敏感的邻边开口结构对应不同 μ_c 的传输曲线。可见当 μ_c 从 0.5 eV、0.7 eV 到 0.9 eV 变化时，EIT 透明窗的工作频率在一个宽的频率范围内发生明显蓝移，EIT 的透射幅度降低，与此同时两侧谐振谷的幅度也减小。因此，对极化不敏感的邻边开口结构，可通过控制化学势实现对 EIT 现象的动态调控，从而该结构在可调太赫兹慢光器件、滤波器、传感器等方面有重要的应用前景。

图 3-4 给出了斜入射时，TE 极化波和 TM 极化波的 EIT 随入射角度的变化。

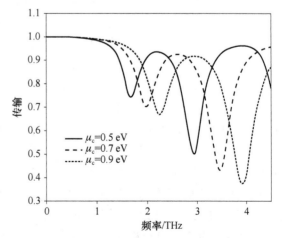

图 3-3 石墨烯化学势的变化对传输特性的影响

对于 TE 极化波,随着入射角度的增大,EIT 谐振峰(实线)以及两侧谐振谷(虚线)对应的透射率均减小,并且高频谐振谷处减小的幅度大于低频谐振谷处减小的幅度。同时,EIT 谐振峰的频率也随入射角度的增大而发生红移。对于 TM 极化波,随着入射角度的增大,EIT 谐振峰以及两侧谐振谷处的透射率均增大,并且高频谐振谷处减小的幅度小于低频谐振谷处增加的幅度,EIT 谐振频率发生蓝移。为此,通过调节入射角度可产生不同工作频率和幅度的 EIT 现象。

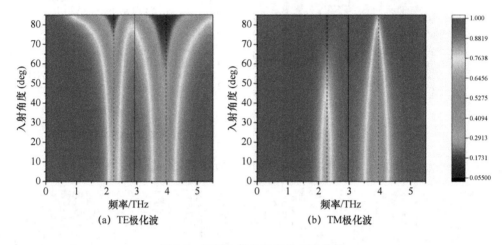

(a) TE极化波   (b) TM极化波

图 3-4   不同入射角对应的 EIT 传输

3.3   基于石英基底的邻边开口 EIT 结构

3.3.1   结构模型和结果分析

图 3-5(a)给出了基于石英基底的邻边开口方环结构的俯视图。具体结构参数为:周期 $L=250~\mu m$,外正方形宽 $L_1=210~\mu m$,内正方形宽 $L_2=150~\mu m$,开口宽度 $w=30~\mu m$,开口位置离中心的偏移量 $d=50~\mu m$。金属选取铝,介质为石英,石英对应的相对介电常数和损耗角正切分别为 $\varepsilon_r=4.41$ 和 $\tan\delta=0.0004$。铝和石英的厚度分别取 $h_1=0.2~\mu m$ 和 $h_2=261~\mu m$。图 3-5(b)给出了电磁波垂直入射时,该结构 TM 极化波、TE 极化波的透射曲线。可见两种极化波都出现了 EIT 现象,并且对应的透射曲线完全重合,从而说明了其具有极化不敏感特性。

为使读者更好地理解电磁诱导透明现象,图 3-6(a)、图 3-6(b)和图 3-6(c)分别给出了此邻边开口结构在 3 个谐振频率点 0.27 THz、0.31 THz 和 0.42 THz 处的表面电流分布。可见在谐振频率 0.27THz 处,电流沿逆时针方向形成环形电流,产生类 LC 谐振,类似于单个开口谐振环的 LC 谐振,没有形成明显的电偶极矩,只能与入射场形成很弱的耦合,电磁波损耗较少,属于暗模式。在谐振频率 0.42 THz 处,表面电流形成上下方向对称的偶极电流,电流强度较强,形成电偶谐振,可与入射波形成强耦合,电磁波损耗较大,属于明模式。位于 EIT 谐振频率 0.31 THz 处的表面电流由于明模式与暗模式的相干相消,表面电流强度明显减弱,明模式和暗模式均得到抑制,从而在一个宽的吸收带中形成一个窄带的透明窗,进而形成 EIT 现象。

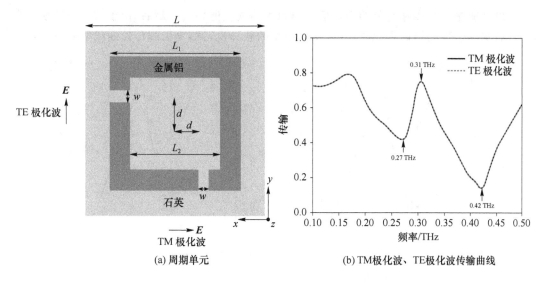

(a) 周期单元   (b) TM极化波、TE极化波传输曲线

图 3-5 基于石英基底的邻边开口方环结构

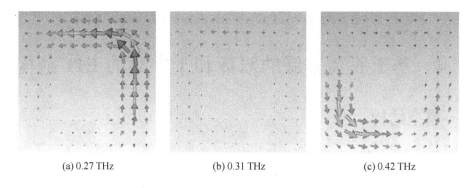

(a) 0.27 THz   (b) 0.31 THz   (c) 0.42 THz

图 3-6 邻边开口结构在不同谐振频率处的表面电流分布

3.3.2 实验测试

基于图 3-5 的模型,通过光刻技术在石英上做了邻边开口方环结构的实验样品,其结构参数跟仿真所用参数一致。加工得到样品的电子显微镜图如图 3-7 所示。利用太赫兹时域光谱系统对该样品进行透射性能的测试。太赫兹波的入射方向垂直于谐振器表面,电场方向垂直于开口方向,选用相同条件下无样品时的透射谱作为参考信号。实验测试结果如图 3-8 所示,其中图 3-8(a)和图 3-8(b)分别对应 TM 极化波和 TE 极化波的传输曲线。实线代表仿真结果,虚线代表实验测试结果,通过对比可以发现实验测试结果与仿真结果基本吻合,并且 TE 极化波和 TM 极化波的测试曲线也基本一致,从而实现了极化不敏感的 EIT 传输。关于测试与模拟的偏移,其主要是由加工误差造成的。此外,实验测试的幅度

图 3-7 基于石英基底的邻边开口
方环结构的电子显微图片

略低,也可能是因为实际石英的损耗值比模拟用的损耗值要大。最后,由于加工的周期是有限的,而实际仿真的周期是无限大的,所以模型的差异也可能会引起传输曲线的差异。

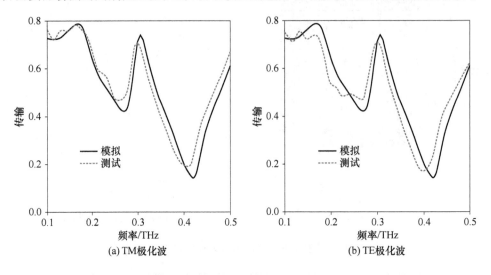

(a) TM极化波   (b) TE极化波

图 3-8   基于石英基底的邻边开口方环结构的实验结果与模拟结果的对比

3.4   基于石英基底的双环和十字环的 EIT 结构

3.4.1   模型结构

图 3-9 给出了两种基于石英基底的极化不敏感的电磁诱导透明结构。其中图 3-9(a)为双环结构,图 3-9(b)为十字环结构。环和十字的材料均为铝,介质基底为石英,对应的相对介电常数和损耗角正切分别为 $\varepsilon_r = 4.41$ 和 $\tan\delta = 0.000\,4$。结构参数为:周期 $L = 280\,\mu m$, $R_1 = R'_1 = 130\,\mu m$, $R_2 = 105\,\mu m$, $R'_2 = 110\,\mu m$, $R_3 = 90\,\mu m$, $R_4 = 65\,\mu m$, $L_1 = 150\,\mu m$ 和 $w = 20\,\mu m$。金属铝和石英的厚度分别取 $h_1 = 0.2\,\mu m$ 和 $h_2 = 175\,\mu m$。

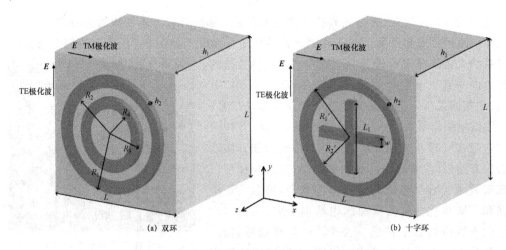

(a) 双环   (b) 十字环

图 3-9   基于石英基底的两种 EIT 结构的周期单元

3.4.2 结果分析

图 3-10(a)给出了双环 EIT 结构 TE 极化波的传输曲线(实线),可见在两个传输低点 $f_1=0.2426$ THz 和 $f_3=0.44$ THz 之间 $f_2=0.33$ THz 处存在一个幅度为 0.94 的电磁诱导透明窗口。图 3-10(a)的点线和点划线分别为大环和小环的传输曲线,可以看出双环结构的传输曲线实际上是由大环和小环传输曲线叠加形成的,即双环的频率点 f_1 与大环的谐振频率 f_1' 基本对应,而双环的频率点 f_3 与小环的谐振频率 f_3' 基本对应。传输峰值点 f_2 是由大小环的相干叠加形成的。为进一步说明双环结构的电磁诱导透明机理,图 3-10(b)给出了双环结构在 3 个频率点的电场分布。在 $f_1=0.2426$ THz 处,电场主要集中在大环上,而小环上的电场分布较弱。由其电场分布特性可知,此时大环相当于一个电偶极子,工作在明模式状态下。在 $f_3=0.44$ THz 处,电场主要集中在小环上,而大环上的电场分布较弱,此时小环相当于一个电偶极子,工作在明模式状态下。在 $f_2=0.33$ THz 处,大环和小环同时被激励,即大环和小环上均有电场分布,并且小环上的电场相对较强,此时大环和小环对应的电场分布的相位相反,进行了相干相消,形成了传输透明窗口[16-17]。由于本结构的对称特性,在垂直入射时,TM 极化波的传输特性与 TE 极化波的传输特性完全相同。

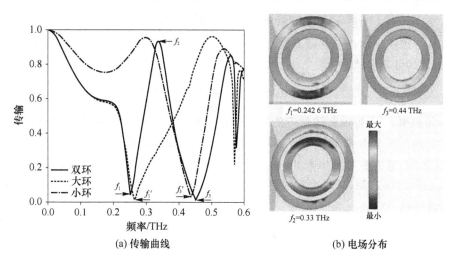

图 3-10 双环结构的传输曲线和对应的电场分布

图 3-11(a)给出了十字环 EIT 结构 TE 极化波的传输曲线(实线),可见在两个传输低点 $f_4=0.252$ THz 和 $f_6=0.545$ THz 之间 $f_5=0.42$ THz 处存在一个幅度为 0.98 的电磁诱导透明窗口。图 3-11 的点线和点划线分别为环和十字对应的传输曲线。可以看出十字环结构的传输曲线实际上是由十字和环的传输实线叠加形成的,即十字环的频率点 f_4 实际与环的谐振频率 f_4' 基本对应,而十字环的频率点 f_6 与十字的谐振频率 f_6' 基本对应。传输峰值点 f_5 是由十字和环的相干叠加形成的。为进一步说明十字环 EIT 结构的电磁诱导透明机理,图 3-11(b)给出了复合结构在 3 个频率点的电场分布。当 $f_4=0.252$ THz 时,电场主要集中在环上,而十字上的电场分布较弱。由其电场分布特性可知,此时环相当于一个电偶极子,工作在明模式状态下。当 $f_6=0.545$ THz 时,电场主要集中在十字上,而环上的电场分布较弱。此时十字相当于一个电偶极子,工作在明模式状态下。当 $f_5=0.42$ THz 时,

环和十字被同时激励,即环和十字上均有电场分布,并且十字上的电场相对较强,环和十字对应的电场分布的相位相反,进行了相干相消,形成了传输透明窗口。同样,由于结构的对称特性,垂直入射对应的 TM 极化波的传输特性与 TE 极化波的传输特性完全相同。

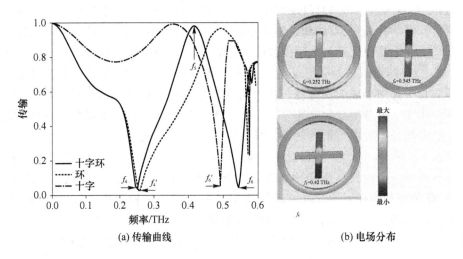

(a) 传输曲线   (b) 电场分布

图 3-11 十字环结构的传输曲线和对应的电场分布

电磁诱导透明现象往往伴随着陡峭的相位变化和慢波效应,而慢波特性可以用群时延来描述,对应的计算公式为[18]

$$\tau_g = -\frac{\mathrm{d}\varphi(\omega)}{\mathrm{d}\omega} \tag{3-5}$$

其中 ω 为角频率,φ 为传输曲线对应的相位。图 3-12(a)和图 3-12(b)分别给出了双环和十字环两种结构的群时延曲线。可见,双环结构在两个传输低点 $f_1 = 0.2426$ THz 和 $f_3 = 0.44$ THz 之间,最大群时延为 6.96 ps。对于十字环结构,在两个传输低点 $f_4 = 0.252$ THz 和 $f_6 = 0.545$ THz 之间,其最大群时延为 4.6 ps。这进一步说明了两种 EIT 结构均表现出明显的慢波特性[19-20]。

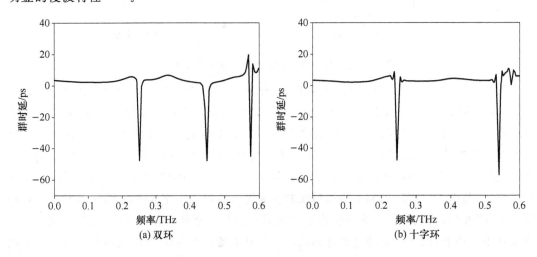

(a) 双环   (b) 十字环

图 3-12 两种 EIT 结构对应的群时延

图 3-13（a）和图 3-13（b）分别给出了双环结构的极化角 ϕ 和入射角 θ 的变化对 EIT 特性的影响。可见,极化角从 0°到 90°变化时,双环结构的 EIT 特性始终保持不变。当入射角 θ 从 0°到 80°变化时,TE 极化波和 TM 极化波始终存在 EIT 特性。其中对于 TE 极化波来说,随着入射角度的增大,透明窗口逐渐变窄。而对 TM 极化波来说,随着入射角度的增大,透明窗口逐渐变宽。

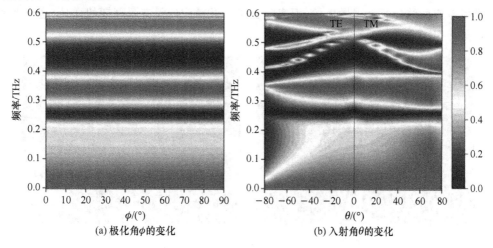

(a) 极化角 ϕ 的变化 (b) 入射角 θ 的变化

图 3-13 双环结构的极化角 ϕ 和入射角 θ 的变化对 EIT 特性的影响

图 3-14（a）和图 3-14（b）分别给出了十字环结构的极化角 ϕ 和入射角 θ 的变化对 EIT 特性的影响。与双环结构的 EIT 变化相同,极化角 ϕ 从 0°到 90°变化时,十字环结构的 EIT 特性也始终保持不变。当入射角 θ 从 0°到 80°变化时,TE 极化波和 TM 极化波始终存在 EIT 特性。其中对于 TE 极化波来说,随着入射角度的增大,透明窗口逐渐变窄。而对 TM 极化波来说,随着入射角度的增大,透明窗口逐渐变宽。

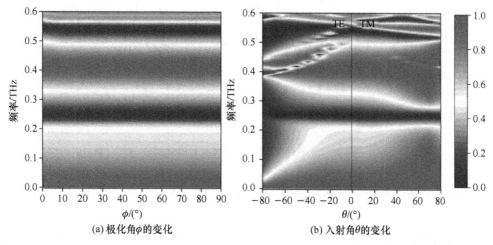

(a) 极化角 ϕ 的变化 (b) 入射角 θ 的变化

图 3-14 十字环结构的极化角 ϕ 和入射角 θ 的变化对 EIT 特性的影响

3.4.3 实验测试

图 3-15（a）和图 3-15（b）分别给出了基于石英基底的双环和十字环 EIT 样品的电子显

微镜图。可见该结构的均匀性较好。图 3-16(a)和图 3-16(b)分别给出了两种结构的模拟和测试曲线。其中实线和虚线分别对应模拟和测试结果。可见,两种结构的模拟和测试曲线的趋势基本一致,对应的传输峰值和传输低点的频率与幅度略有差距。其中,频率偏移可能是由于实际加工的样品与模拟对应的参数存在误差,幅度的变化也与金属铝和石英的材料相关,即实际和模拟采用的材料存在一定的差异,从而导致了频率和幅度的不同。最后,由于模拟对应的结构是无限周期的,而实际加工测试对应的是有限周期的样品,这两者的差异也可能会引起测试与模拟值的不同。

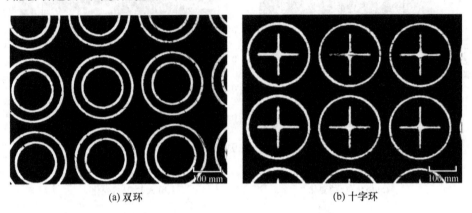

(a) 双环   (b) 十字环

图 3-15   两种 EIT 结构的电子显微镜图

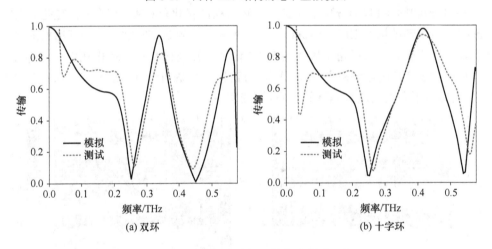

(a) 双环   (b) 十字环

图 3-16   两种 EIT 结构的模拟和测试比较

3.5   本 章 小 结

本章提出了两种类型的极化不敏感的电磁诱导透明结构,一种是基于石墨烯的可调结构,另一种是基于石英的非可调结构。

具体结论如下。

① 本章介绍了基于石墨烯的可调太赫兹电磁诱导透明结构的设计。通常超材料 EIT 结构的透明窗都在固定频率,若调节透明窗的频率范围或幅度,则需要改变结构的几何参

数,这对于加工好的结构是很难实现的。所以需要通过引入二维材料石墨烯,改变化学势来实现对 EIT 的动态可调。设计发现基于石墨烯的邻边开口结构可以在垂直入射时实现极化不敏感的 EIT 特性,并且通过改变基于石墨烯的化学势,可以动态地调节 EIT 谐振峰的频率和幅度,通过表面电流的分布可分析产生 EIT 的物理机理。

② 本章设计并加工了基于石英基底的邻边开口 EIT 结构,还进行了实验测试。研究表明该邻边开口结构在 0.31 THz 处存在电磁诱导窗口。利用太赫兹时域光谱系统对该样品进行透射性能的测试,实验与仿真结果基本吻合,并且 TE 极化波和 TM 极化波的测试曲线也基本一致,从而实现了极化不敏感传输。关于测试与模拟的偏移,其主要是由于加工误差造成的。此外,实验测试的幅度略低,也可能是因为实际的石英损耗比模拟用的损耗大。最后,由于加工的周期是有限的,而实际仿真的周期是无限大的,所以模型的差异也可能会引起传输曲线的差异。

③ 本章设计并加工了基于石英基底的双环和十字环的 EIT 结构。其中双环结构在两个传输低点 $f_1 = 0.242\,6$ THz 和 $f_3 = 0.44$ THz 之间 $f_2 = 0.33$ THz 处存在一个幅度为 0.94 的电磁诱导透明窗口。十字环 EIT 结构在两个传输低点 $f_4 = 0.252$ THz 和 $f_6 = 0.545$ THz 之间 $f_5 = 0.42$ THz 处存在一个幅度为 0.98 的电磁诱导透明窗口。研究表明,双环和十字环结构的 EIT 现象实际上分别是由大小环和环与十字传输的叠加形成的。该叠加现象进一步用谐振频率点处的电场分布进行了物理机理的解释。双环和十字环结构的最大群时延分别为 6.96 ps 和 4.6 ps,从而进一步说明了其慢波特性。此外,两种结构的EIT 特性不随极化角的变化而变化。当入射角增大时,TE 极化波的透明窗口逐渐变窄,而 TM 极化波的透明窗口逐渐变宽。最后,本章比较了两种结构的模拟和测试曲线,发现两种结构的模拟和测试曲线的趋势基本一致,幅度和频率略有差异。

本章参考文献

[1] Harris S E, Field J E, Imamoğlu A. Nonlinear-optical processes using electromagnetically induced transparency [J]. Physical Review Letters, 1990, 64(10): 1107.

[2] Imamoğlu A, Boller K J, Harris S E. Observation of electromagnetically induced transparency [J]. Physical Review Letters, 1991, 66(20): 2593.

[3] Ourir A, Gallas B, Becerra L, et al. Electromagnetically induced transparency in symmetric planar metamaterial at THz wavelengths [J]. Photonics, 2015, 2(1): 308-316.

[4] 刘冉, 史金辉, Plum E, 等. 基于平面超材料的 Fano 谐振可调谐研究 [J]. 物理学报, 2012, 61(15): 197-203.

[5] Zhang K, Wang C, Qin L, et al. Dual-mode electromagnetically induced transparency and slow light in a terahertzmetamaterial [J]. Optics Letters, 2014, 39 (12): 3539-3542.

[6] Yang Y, Kravchenko I I, Briggs D, et al. All-dielectric metasurface analogue of electromagnetically induced transparency [J]. Nature Communications, 2014 (5): 5753.

[7] Amin M, Farhat M, Bagci H. A dynamically reconfigurable Fano metamaterial

through graphene tuning for switching and sensing applications [J]. Scientific Reports,2013(3): 2105.

[8]   Wang L, Li W, Jiang X Y. Tunable control of electromagnetically induced transparency analogue in a compact graphene-based waveguide [J]. Optics letters, 2015, 40 (10): 2325-2328.

[9]   Ding G W, Liu S Z, Zhang H F, et al. Tunable electromagnetically induced transparency at terahertz frequencies in coupled graphene metamaterial [J]. Chinese Physics B, 2015, 24(11):118103.

[10]   He X J, Yang X Y, Lu G J, et al. Implementation of selective controlling electromagnetically induced transparency in terahertz graphene metamaterial[J]. Carbon,2017(123): 668-675.

[11]   Xiao S Y, Wang T T, Liu T, et al. Active modulation of electromagnetically induced transparency analogue in terahertz hybrid metal-graphene metamaterials [J]. Carbon,2018(126): 271-278.

[12]   Chen X, Fan W H. Polarization-insensitive tunable multiple electromagnetically induced transparencies analogue in terahertz graphene metamaterial [J]. Optical Materials Express,2016,6(8): 2607-2615.

[13]   Kaipa C S R, Yakovlev A B, Hanson G W, et al. Enhanced transmission with a graphene-dielectric microstructure at low-terahertz frequencies [J]. Physical Review B,2012,85(24): 245407.

[14]   Hanson G W. Dyadic Green's functions and guided surface waves for a surface conductivity model of graphene [J]. Journal of Applied Physics,2008,103(6): 064302.

[15]   Gusynin V P, Sharapov S G, Carbotte J P. Magneto-optical conductivity in graphene [J]. Journal of Physics: Condensed Matter,2006,19(2): 026222.

[16]   Yu W, Meng H Y, Chen Z J, et al. The bright-bright and bright-dark mode coupling-based planar metamaterial for plasmonic EIT-like effect[J]. Optics Communications,2018 (414): 29-33.

[17]   Jin X R, Park J, Zheng H, et al. Highly-dispersive transparency at optical frequencies in planar metamaterials based on two-bright-mode coupling [J]. Optics Express, 2011, 19(22): 21652-21657.

[18]   Zhu L, Zhao X, Dong L, et al. Polarization-independent and angle-insensitive electromagnetically induced transparent (EIT) metamaterial based on bi-air-hole dielectric resonators [J]. RSC Advances,2018,8(48): 27342-27348.

[19]   Zhang L, Tassin P, Koschny T, et al. Large group delay in a microwave metamaterial analog of electromagnetically induced transparency[J]. Applied Physics Letters,2010, 97(24): 241904.

[20]   Wei Z C, Li X P, Zhong N F, et al. Analogue electromagnetically induced transparency based on low-loss metamaterial and its application in nanosensor and slow-light device[J]. Plasmonics,2017,12(3): 641-647.

第4章 太赫兹超材料非对称传输器件

4.1 前 言

手性超材料是一类结构特殊的超材料,利用手性超材料可以设计非对称传输器件,并且相比传统的实现方法,手性超材料具有易于实现小型化,无须外加磁场偏置等优点[1]。近些年,太赫兹电磁波由于在理论、实践等多学科都具有重要的研究价值和应用前景,从而受到了世界各国的广泛关注。超材料的出现为太赫兹功能器件,特别是非对称传输器件提供了可行性。但是,目前有关太赫兹非对称传输结构的研究主要集中在微波波段[2-5]。近年来,人们开始关注太赫兹波段的非对称传输[6-8]。但是目前已设计的结构往往频带较窄,不能满足太赫兹宽带通信的目的。为此,本章主要研究基于超材料的宽带非对称传输器。

假设人工电磁材料器件位于 xOy 平面内,一束平面波沿 $+z$ 方面垂直入射到人工电磁材料上,则入射波的电场可以表示为

$$\boldsymbol{E}_i(\boldsymbol{r},t)=\begin{pmatrix} i_x \\ i_y \end{pmatrix}\exp\{i(\boldsymbol{k}z-\omega t)\} \tag{4-1}$$

其中,ω 为电磁波的频率,$\boldsymbol{k}$ 为波矢量,复数形式的 i_x 和 i_y 分别描述了入射波 x、y 分量的极化状态,则相应的透射波的电场表示为

$$\boldsymbol{E}_t(\boldsymbol{r},t)=\begin{pmatrix} t_x \\ t_y \end{pmatrix}\exp\{i(\boldsymbol{k}z-\omega t)\} \tag{4-2}$$

假设平面波为相干波,则可以用广义琼斯矩阵来计算,而不需要用非相干光的穆勒矩阵进行分析。一般情况下,透射波 t_x 一部分来源于入射波 x 极化分量的透射,另一部分由入射波 y 分量极化转换而来,可以表示为 $t_x=T_{xx}i_x+T_{xy}i_y$,同理可得到 t_y,于是可以得到[9]

$$\begin{pmatrix} t_x \\ t_y \end{pmatrix}=\begin{pmatrix} T_{xx} & T_{xy} \\ T_{yx} & T_{yy} \end{pmatrix}\begin{pmatrix} i_x \\ i_y \end{pmatrix}=\boldsymbol{T}^{\mathrm{f}}\begin{pmatrix} i_x \\ i_y \end{pmatrix} \tag{4-3}$$

其中,T 矩阵为

$$\boldsymbol{T}^{\mathrm{f}}=\begin{pmatrix} T_{xx} & T_{xy} \\ T_{yx} & T_{yy} \end{pmatrix} \tag{4-4}$$

它是描述线极化电磁波的传输矩阵,也称作琼斯矩阵。为方便起见,用 A、B、C、D 分别来代替上述琼斯矩阵中的元素 T_{ij},上标 f、b 分别表示正向传输($+z$ 方向)和负向传输($-z$ 方向),则 $\boldsymbol{T}^{\mathrm{b}}$ 表示电磁波负向传输($-z$ 方向)时的传输矩阵。当只考虑互易介质,即不包含磁性材料时,有

$$\boldsymbol{T}^{\mathrm{f}}=\begin{pmatrix} A & C \\ B & D \end{pmatrix} \tag{4-5}$$

$$\boldsymbol{T}^{\mathrm{b}} = \begin{pmatrix} A & -B \\ -C & D \end{pmatrix} \tag{4-6}$$

电磁波的非对称传输通常用参数 Δ 表示，Δ 描述了前向和后向两个相反的传播方向之间传输透射率的不同，定义为[10]

$$\Delta = |T_{11}^{\mathrm{f}}|^2 + |T_{12}^{\mathrm{f}}|^2 - |T_{11}^{\mathrm{b}}|^2 - |T_{12}^{\mathrm{b}}|^2 \tag{4-7}$$

4.2 非对称传输的实现条件

4.2.1 线极化波非对称传输的实现条件

根据上述分析，线极化电磁波的非对称传输参数 Δ 表示传播方向上 x 极化波和 y 极化波之间的传输透射率的不同：

$$\Delta^x = |C|^2 - |B|^2 = -\Delta^y \tag{4-8}$$

显然，x 极化波和 y 极化波的非对称传输是相反的，因此，可以选择性地分析 x 极化波，对于 y 极化波同理。对于理想的电磁波非对称传输，在一个方向上的传输效率是 1，在另一个方向上的传输效率是 0，即非对称传输效率为 1。也就是说，理想的非对称传输要求 T 矩阵中的两个对角线元素（A 和 D）以及一个非对角线元素（B 或 C）接近 0，而剩下的最后一个元素接近 1。

4.2.2 圆极化波非对称传输的实现条件

圆极化波的 T 矩阵可以定义为[11-12]

$$\overset{\wedge}{\boldsymbol{T}}_{\mathrm{circ}}^{\mathrm{f}} = \begin{pmatrix} T_{++} & T_{+-} \\ T_{-+} & T_{--} \end{pmatrix} = \frac{1}{2} \begin{pmatrix} [A+D+\mathrm{i}(B-C)] & [A-D-\mathrm{i}(B+C)] \\ [A-D+\mathrm{i}(B+C)] & [A+D-\mathrm{i}(B-C)] \end{pmatrix} \tag{4-9}$$

其中，T_{++} 和 T_{--} 分别是右旋圆极化波和左旋圆极化波的传输系数，对于圆极化波，其对称传输参数表示为

$$\Delta_{\mathrm{circ}}^+ = |T_{-+}|^2 - |T_{+-}|^2 = -\Delta_{\mathrm{circ}}^- \tag{4-10}$$

根据公式(4-10)可知，只要琼斯矩阵的非对角元素不相等（$\Delta_{\mathrm{circ}} \neq 0$），就可以实现圆极化波的非对称传输。

基于人工电磁材料的非对称传输器件，国内外的研究主要集中在微波波段，而关于太赫兹波段的非对称传输器件的研究较少。这主要是因为太赫兹频段的工作频率较高，器件结构尺寸很小，位于微米量级，需要用到微加工技术制作样品，制作精度要求较高。此外，太赫兹非对称传输器件在调控太赫兹传输方面具有重要的现实意义。为此，本章设计了两款基于人工电磁材料的太赫兹非对称传输结构，并得到了宽频带的非对称传输特性。

4.3 双开口矩形环非对称传输结构

4.3.1 结构模型

图 4-1 为双开口矩形环周期单元结构示意图，该结构由介质-金属-介质-金属-介质五层

构成。金属谐振结构为铝,两侧单元结构尺寸相同,背面金属结构由正面结构镜像后再旋转90°得到。金属结构单元是由矩形环在对边挖掉中心对称的两个开口得到的,因此叫作双开口矩形环结构。外面两侧介质与介质基底的材料相同,均为 Polyimide(聚酰亚胺),其介电常数为 3,损耗角正切值为 0.008。选择损耗较小的基底材料是为了实现更高的透射率,从而提高转换效率。

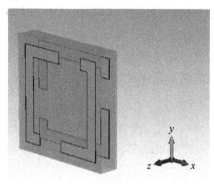

图 4-1 双开口矩形环周期单元结构示意图

双开口矩形环结构模型如图 4-2 所示,图中的参数分别为:单元周期 P、金属结构边长 L、金属环宽度 w、开口宽度 g、开口距离金属环内侧距离 s、介质基底厚度 d、人工电磁材料金属结构厚度 t 以及两侧介质层厚度 th。在本结构中,各个参数的初始值分别为 $P=125\ \mu\mathrm{m}$,$L=106.5\ \mu\mathrm{m}$,$w=17.5\ \mu\mathrm{m}$,$g=32.5\ \mu\mathrm{m}$,$s=9.5\ \mu\mathrm{m}$,$d=20\ \mu\mathrm{m}$,$t=0.2\ \mu\mathrm{m}$,th$=2\ \mu\mathrm{m}$。

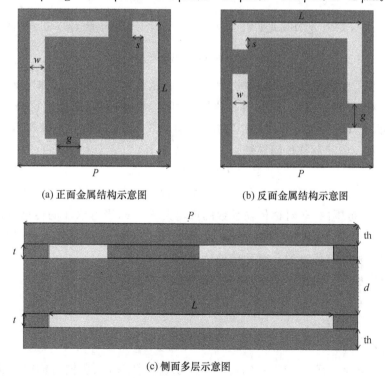

(a) 正面金属结构示意图　　　　　(b) 反面金属结构示意图

(c) 侧面多层示意图

图 4-2 双开口矩形环结构模型图

4.3.2　结果分析

仿真时，x、y 方向为单元结构，电磁波沿 z 方向传输。图 4-3 显示了电磁波分别沿正向传输（$+z$）和负向传输（$-z$）时的传输曲线。在频率范围 0.2～2 THz 内，$t_{xy} \neq t_{yx}$，表明该双开口矩形环结构的确实现了太赫兹频带内的非对称传输。在正向传输的情况下，t_{xy} 在 1.154 THz 处达到峰值 0.87，而相应的 t_{yx} 的值只有 0.14；另外，在频率范围 0.93～1.43 THz 内，t_{xy} 均大于 t_{yx} 的传输效率，并且 t_{xy} 的传输效率都在 0.6 以上，而 t_{yx} 的传输效率均在 0.3 以下。以上数据分析表明，该结构具有良好的非对称传输效果，并且当线极化波的传输方向改为沿 $-z$ 方向入射时，t_{yx} 和 t_{xy} 相应的值与正向传输时对调，说明该非对称传输结构对于 x 和 y 两种线极化波均适用。

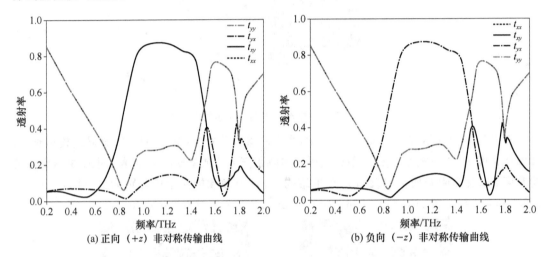

(a) 正向（$+z$）非对称传输曲线　　　　(b) 负向（$-z$）非对称传输曲线

图 4-3　双开口矩形环的传输特性

为了进一步了解双开口矩形环结构的非对称传输性能，分别做出正向、反向传输时双开口矩形环的非对称传输系数 Δ 的曲线，如图 4-4 所示，图 4-4(a)、图 4-4(b) 分别为电磁波传播方向为正向（$+z$）、负向（$-z$）时的非对称传输系数，图 4-4(a) 中实线和虚线分别表示 x 极化波和 y 极化波的非对称传输系数。由公式(4-8)知：

$$\Delta^x = |C|^2 - |B|^2 = -\Delta^y$$

即 x 极化波的非对称传输系数与 y 极化波的非对称传输系数相反。由图中曲线可知，Δ^x 在 0.93～1.43 THz 范围内，非对称传输系数的值均大于 0.6，当电磁波的传播方向为负向时，相应的 Δ^x 与 Δ^y 分别与正向传输时的 Δ^y 和 Δ^x 相等，如图 4-4(b) 所示，说明该双开口矩形环非对称传输结构具有优异的非对称传输性能。

该双开口谐振环非对称传输器件的极化转换率的计算方式为

$$\mathrm{PCR}_x = |t_{yx}|^2 / (|t_{xx}|^2 + |t_{yx}|^2) \tag{4-11}$$

$$\mathrm{PCR}_y = |t_{xy}|^2 / (|t_{yy}|^2 + |t_{xy}|^2) \tag{4-12}$$

计算结果如图 4-5 所示，图 4-5(a)、图 4-5(b) 分别为正向、负向传输时的极化转换率。可以看到，正向传输时，在 0.8～1.4 THz 频率范围内，y 极化波的极化转换率很高，表明相

当一部分 y 极化波转换为 x 极化波，而 x 极化波的极化转换率非常低；当传输方向相反（为负向传输）时，x 极化波的极化转换率远远大于 y 极化波，符合非对称传输的原理，说明该结构具有良好的极化转换率。

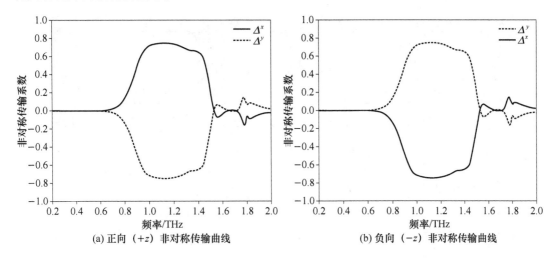

$$(a) \text{正向（}+z\text{）非对称传输曲线} \qquad (b) \text{负向（}-z\text{）非对称传输曲线}$$

图 4-4　双开口矩形环非对称传输系数

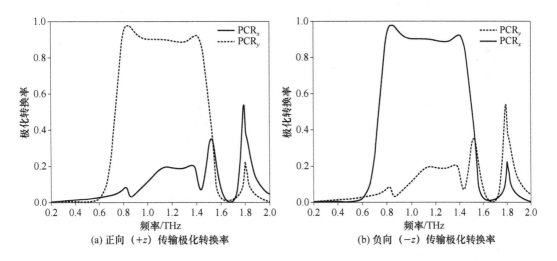

$$(a) \text{正向（}+z\text{）传输极化转换率} \qquad (b) \text{负向（}-z\text{）传输极化转换率}$$

图 4-5　双开口矩形环非对称极化转换率

为深入了解双开口矩形环结构线极化波极化转换的机制，下面给出了谐振频率点 1.154 THz 处的表面电流分布，如图 4-6 所示。无论入射波是 x 极化波还是 y 极化波，双开口矩形环结构的表面总会出现偶极子谐振，并且由同相的表面电流形成。图 4-6(a)、图 4-6(b) 分别给出了频率 1.154 THz 处的 x 极化波和 y 极化波沿 $-z$ 方向入射到结构表面的电流分布。根据图中的电流分布可知，在谐振点处，表面电流的流向相反，在图 4-6(a) 中，入射的 x 极化波产生了非对称的表面电流模，该电流导致了 y 方向和 x 方向感应磁场的产生，入射电场和感应磁场之间的交叉耦合导致了该频点处的极化转换；同理，当入射波为 y 极化波时，感应磁场沿 x 方向即与入射电场垂直，因此感应磁场与入射电场之间几乎没有交叉耦合，故很少有 y 极化波转换为 x 极化波。图 4-6(c)、图 4-6(d) 分别给出了在频率 $f=1.154$ THz 处，线

71

极化波沿$+z$方向入射的x极化波和y极化波结构表面的电流分布。同理分析可知,在电磁波沿$-z$方向传输的情况下,x极化波转换为y极化波的效率较高,而y极化波转换为x极化波的效率几乎为零。

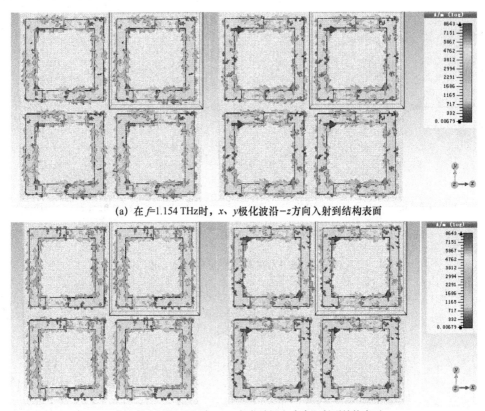

(a) 在$f=1.154\,\mathrm{THz}$时,x、y极化波沿$-z$方向入射到结构表面

(b) 在$f=1.154\,\mathrm{THz}$时,x、y极化波沿$+z$方向入射到结构表面

图 4-6   在 $f=1.154\,\mathrm{THz}$ 时,结构表面的电流分布

下面研究双开口矩形环结构的各个参数变化对于非对称传输效果的影响,主要分析介质基底厚度d、金属环宽度w以及开口宽度g对非对称传输特性的影响。值得说明的是,当分析某一个参数时,其他参数需要保持与初始值一致,以保证单一量变化。

(1) 介质基底厚度d对非对称传输效果的影响

令介质基底的厚度分别为$10\,\mu\mathrm{m}$、$20\,\mu\mathrm{m}$、$30\,\mu\mathrm{m}$和$40\,\mu\mathrm{m}$,其他参数均保持不变,即$P=125\,\mu\mathrm{m}$,$L=106.5\,\mu\mathrm{m}$,$w=17.5\,\mu\mathrm{m}$,$g=32.5\,\mu\mathrm{m}$,$s=9.5\,\mu\mathrm{m}$,$t=0.2\,\mu\mathrm{m}$,$\mathrm{th}=2\,\mu\mathrm{m}$。进行参数扫描,电磁波为正向($+z$方向)传输,这时得到的$t_{xy}$传输曲线如图4-7所示。由图4-7可知,随着介质基底厚度d的逐渐增加,t_{xy}的整体逐渐向低频区域移动,并且在$d=30\,\mu\mathrm{m}$时,t_{xy}的峰值最高,为0.88,但是此时带宽较窄,而在$d=20\,\mu\mathrm{m}$时,带宽最宽且传输效率较高,因此,在此结构中选取介质基底厚度参数$d=20\,\mu\mathrm{m}$。

(2) 金属环宽度w对非对称传输效果的影响

接下来对金属矩形环的宽度w进行参数扫描,扫描值分别为$12.5\,\mu\mathrm{m}$、$17.5\,\mu\mathrm{m}$、$22.5\,\mu\mathrm{m}$和$27.5\,\mu\mathrm{m}$,电磁波沿正向($+z$方向)传输,其传输曲线t_{xy}的参数扫描结果如图4-8所示。由图4-8可见,随着金属矩形环宽度的增加,t_{xy}的值呈现先增大后减小的趋势。在 $w=17.5~\mu\mathrm{m}$ 时,t_{xy} 的峰值达到 0.87,带宽较宽,具有良好的传输效果。

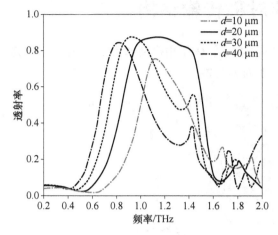 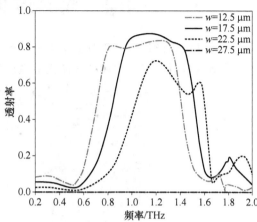

图 4-7 双开口矩形环结构介质基底　　　图 4-8 双开口矩形环结构金属环
厚度 d 对非对称传输效果的影响曲线　　宽度 w 对非对称传输效果的影响曲线

（3）金属环开口宽度 g 对非对称传输效果的影响

令金属环开口宽度 g 分别为 $12.5~\mu\mathrm{m}$、$22.5~\mu\mathrm{m}$、$32.5~\mu\mathrm{m}$ 和 $42.5~\mu\mathrm{m}$,并且其他参数保持不变,进行参数扫描,当电磁波正向传输时,得到的 t_{xy} 传输曲线仿真结果如图 4-9 所示。可见,随着 g 的增加,t_{xy} 的传输曲线峰值呈现先增加后减小的变化趋势,并且在 g 大于 $32.5~\mu\mathrm{m}$ 之后,减小幅度明显,非对称传输效果不理想;另外,传输带宽也呈现先增大后减小的趋势,在 $g=32.5~\mu\mathrm{m}$ 时,其传输效率较高且带宽较宽。

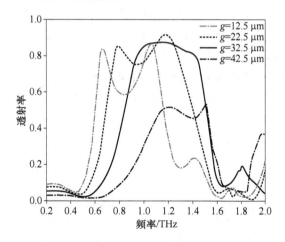

图 4-9 双开口矩形环结构金属环开口
宽度 g 对非对称传输效果的影响曲线

综合以上参数分析结果可以得到:介质基底厚度 d、金属环宽度 w 以及金属环开口宽度 g 对于双开口矩形环的非对称传输效果的带宽、频率范围以及非对称传输效率均有较明显的影响,并且各自的影响趋势不相同。因此,在接下来进行进一步的结构参数的优化设计时,需要权衡考虑各个参数,尽量得到带宽较宽、传输效率较高的非对称传输效果。

4.4 双 F 形非对称传输结构

下面进一步设计了一款双 F 形非对称传输结构，其立体结构模型如图 4-10 所示。研究发现该结构也可以实现太赫兹线极化电磁波的非对称传输。

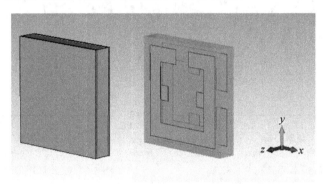

图 4-10 双 F 形非对称传输结构立体示意图

4.4.1 结构模型

双 F 形非对称传输结构也由五层构成，金属材料为铝，正反两侧的单元结构尺寸相同，背面的金属结构由正面结构旋转 90°后得到。金属结构单元是由一个单开口矩形环再在对边上两个突出的金属矩形片得到的，就像两个大写字母"F"拼在一起，因此叫作双 F 形结构。其介质材料与双开口矩形环的相同，外面两侧介质与介质基底的材料相同，均为 Polyimide(聚酰亚胺)，其介电常数为 3，损耗角正切值为 0.008。选择损耗较小的基底材料可以实现更高的透射率，从而提高转换效率。

图 4-11 为该结构的单元结构具体示意图，图中各个参数分别为结构单元周期 P、金属结构边长 L、金属环宽度 w、矩形环开口宽度 g、矩形环内侧"F"边长度 m、介质基底厚度 d、人工电磁材料金属结构厚度 t 以及两侧介质层厚度 th。在本结构中，各个参数的初始值分别为 $P=125\ \mu m$，$L=106.5\ \mu m$，$w=17.5\ \mu m$，$g=20\ \mu m$，$m=12.5\ \mu m$，$d=20\ \mu m$，$t=0.2\ \mu m$，th$=2\ \mu m$。

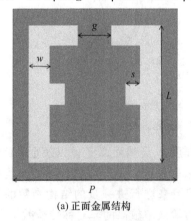

(a) 正面金属结构

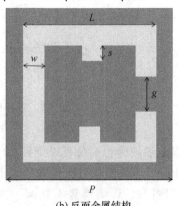

(b) 反面金属结构

图 4-11 双 F 形结构示意图

4.4.2　结果分析

利用 CST 仿真软件对该模型进行仿真分析,仿真时,x、y 方向为单元结构,电磁波沿 z 方向传输,频率范围是 $0.4\sim1.0$ THz。图 4-12 为线极化波分别沿正向传输($+z$)和负向传输($-z$)时的仿真传输曲线。可见,在仿真频率范围内,$t_{xy}\neq t_{yx}$,表明该双 F 形结构也实现了太赫兹频带内的线极化波非对称传输。当电磁波正向(沿 $+z$ 方向)传输时,t_{xy} 在 0.76 THz 处达到峰值,峰值为 0.81,至于与之对应的 t_{yx} 的值几乎为零;另外,在整个频率范围内,t_{yx} 的传输效率都很低,全部小于 0.05;在频率范围 $0.7\sim0.82$ THz 内,t_{xy} 均大于 t_{yx} 的传输效率,并且 t_{xy} 的传输效率都在 0.6 以上,而 t_{yx} 的传输效率几乎为零。当电磁波反向,即沿 $-z$ 方向传输时,t_{yx} 和 t_{xy} 相应的传输曲线与正向传输时对调,说明该非对称传输结构对于 x 和 y 两种线极化波均适用。以上数据分析表明,该结构对于太赫兹线极化波具有良好的非对称传输效果。

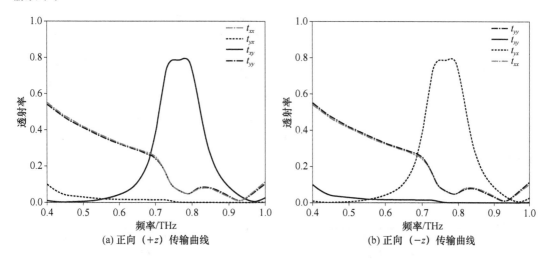

(a) 正向（+z）传输曲线　　　　　(b) 正向（−z）传输曲线

图 4-12　双 F 形结构非对称传输曲线

接下来,本小节根据非对称传输系数的定义,分析了该双 F 形结构的非对称传输系数 Δ,得到的模拟曲线如图 4-13 所示。由图 4-13 中的曲线可知,在 $0.72\sim0.78$ THz 频率范围内,非对称传输参数大于 0.6,并且满足 x 线极化波的非对称参数与 y 线极化波相反的条件;另外,当传输方向相反时,x、y 线极化波的非对称传输系数与正向传输时恰好相反,同样证明了该双 F 结构能够同时实现 x、y 线极化波的非对称传输。

图 4-14 为该结构的极化转换率分析曲线,图 4-14(a)、图 4-14(b)分别为正向、负向传输时的极化转换率。由图 4-14 可知,当入射电磁波沿 $+z$ 方向传输时,在 $0.7\sim0.9$ THz 频率范围内,y 极化波的极化转换率很高,接近于 1,表明 y 极化波几乎全部转换为 x 极化波,而 x 极化波的极化转换率则非常低;当电磁波沿 $-z$ 方向传输时,x 极化波与 y 极化波的极化转换率对调,符合非对称传输的原理,说明该结构具有良好的极化转换率。

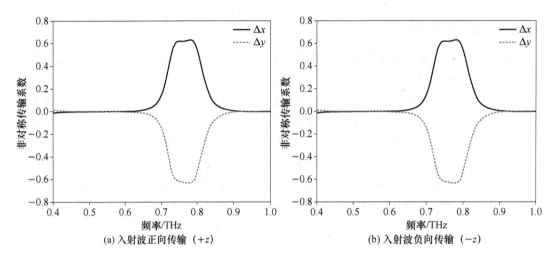

图 4-13 双 F 形结构非对称传输系数曲线

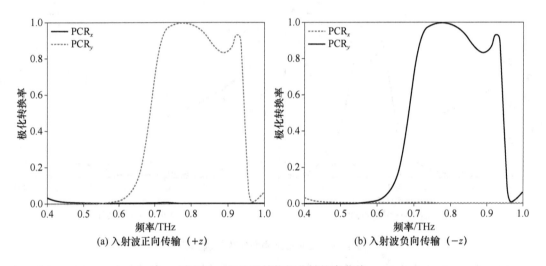

图 4-14 双 F 形结构极化转换率曲线

进一步通过研究双 F 型非对称传输器件在谐振频率处的电场分布和表面电流分布来分析其工作原理。当频率 $f = 0.78$ THz，线极化波沿 $+z$ 方向传输时，入射波分别为 x 极化波和 y 极化波的表面电流分布如图 4-15(a)所示。根据图 4-15 中的电流分布，具体分析如下。当 $f = 0.78$ THz 时，结构表面电流的流向相反，图 4-15(a)中，沿 $+z$ 方向入射的 x 极化波的感应磁场沿 y 方向(即与入射电场相垂直)，因此在感应磁场与入射电场之间几乎没有交叉耦合，则很少有 x 极化波转换为 y 极化波。当入射波为 y 极化波时，其产生了非对称表面电流模，该电流产生了 x 方向和 y 方向的感应磁场，从而入射电场和感应磁场之间的交叉耦合导致了该频点处的极化转换，因此 y 极化波中很大一部分转换为 x 极化波。同理，图 4-15(b)为电磁波沿 $-z$ 方向传输时的 x 极化波和 y 极化波的表面电流分布图。总之，无论入射电磁波是 x 极化波还是 y 极化波，双开口矩形环结构总会出现由同相的表面电流导致的偶极子谐振。

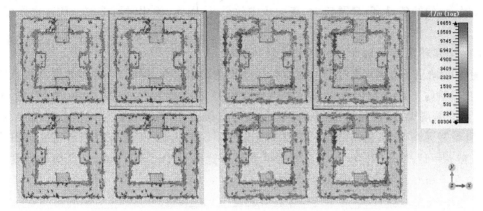

(a) 在 $f=0.78$ THz时，x极化波、y极化波沿$+z$方向入射到结构表面

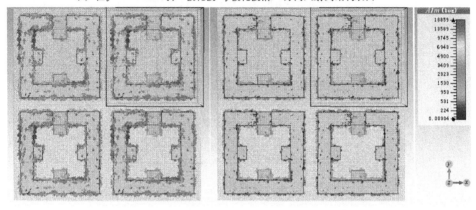

(b) 在 $f=0.78$ THz时，x极化波、y极化波沿$-z$方向入射到结构表面

图 4-15　在 $f=0.78$ THz 时，结构表面的电流分布

　　下面分析双 F 形非对称传输结构的各个参数对非对称传输的影响，主要分析的参数有介质基底厚度 d、金属环宽度 w 和其开口宽度 g，以及金属条长度 m。同样需保证单一变量变化。

　　（1）介质基底厚度 d 对非对称传输效果的影响

　　令介质基底的厚度分别为 $10\ \mu m$、$20\ \mu m$、$30\ \mu m$ 和 $40\ \mu m$，其他参数均保持不变，即 $P=125\ \mu m$，$L=106.5\ \mu m$，$w=17.5\ \mu m$，$g=20\ \mu m$，$m=12.5\ \mu m$，$t=0.2\ \mu m$，th$=2\ \mu m$。进行参数扫描，电磁波为正向（$+z$ 方向）传输，这时得到的 t_{xy} 的传输曲线如图 4-16 所示。由图 4-16 可知，随着介质基底厚度 d 的逐渐增加，t_{xy} 的整体逐渐向低频区域移动，并且带宽逐渐变窄，峰值呈现先增大后减小的趋势；当 $d=$

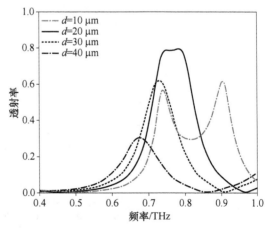

图 4-16　双 F 形结构介质基底厚度 d 对非对称传输效果的影响曲线

20 μm 时，t_{xy} 的峰值最高，带宽较大，表明传输效果好，因此，优化时可选取介质基底厚度 $d=$ 20 μm。

（2）金属环宽度 w 对非对称传输效果的影响

图 4-17 给出了金属环宽度对非对称传输效果的影响曲线，同时，该曲线也是线极化波沿 +z 方向传输时 t_{xy} 的传输曲线。令 w 的值分别为 12.5 μm、17.5 μm、22.5 μm 和 27.5 μm，可知，随着 w 的增大，t_{xy} 的传输曲线逐渐向高频区域移动，而其传输效率峰值则先增加、后减小，并且带宽逐渐变窄，但是峰值与带宽的变化并不明显，因此传输峰值与带宽呈现负相关关系。在 $w=17.5$ μm 时，t_{xy} 传输曲线的峰值与带宽效果均比较好，因此，金属环宽度参数 w 选择 17.5 μm。

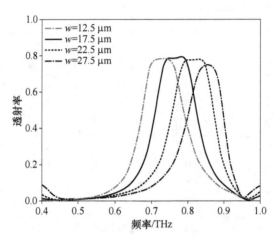

图 4-17　双 F 形结构金属环宽度 w 对非对称传输效果的影响曲线

（3）金属环开口宽度 g 对非对称传输效果的影响

图 4-18 为金属环开口宽度 g 的参数扫描结果，金属环开口宽度 g 分别取值为 5 μm、20 μm、35 μm 和 50 μm。可见，随着 g 值的不断增大，t_{xy} 频谱不断向高频区域移动，并且峰值稍微呈现减小的趋势，但减小幅度不明显，带宽变化趋势不大。综合以上几个因素，可得 $g=20$ μm 时，t_{xy} 传输曲线的效果最佳。

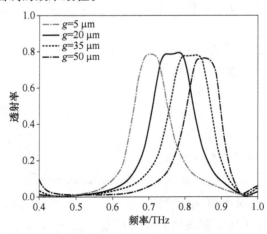

图 4-18　双 F 形结构金属环开口宽度 g 对非对称传输效果的影响曲线

（4）金属条长度 m 对非对称传输效果的影响

令金属环内侧两片金属条的长度 m 同时变化，取值分别为 $6.5\,\mu m$、$12.5\,\mu m$、$18.5\,\mu m$、$24.5\,\mu m$ 和 $30.5\,\mu m$，图 4-19 给出了线极化波沿 $+z$ 方向传输时 t_{xy} 传输效率的参数扫描结果。由图 4-19 可知，随着 m 值的不断增大，t_{xy} 的传输效率总体趋势变化不大，频率范围基本不变，带宽呈现逐渐变宽的趋势且变化幅度很小，但是传输曲线峰值不断降低。因此，当 $m=12.5\,\mu m$ 时，非对称传输效果相对比较良好。

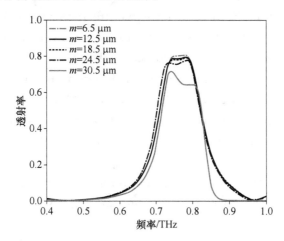

图 4-19　双 F 形结构金属条长度 w 对非对称传输效果的影响曲线

综合以上的参数扫描结果分析来看，双 F 型非对称传输结构的介质基底厚度 d 和金属环宽度 w 对非对称传输结果的峰值和带宽都有较大的影响；金属环开口宽度 g 主要影响谐振频率；金属条长度 m 主要影响传输曲线的峰值。以上分析结果在进行结构优化时具有重要的指导意义。

4.5　本 章 小 结

本章设计了两种类型的太赫兹宽带非对称传输器件，一种是双开口矩形环结构，另一种是双 F 形结构。得到的具体结论如下。

① 对于双开口矩形环结构，模拟发现在 $0.2\sim2\,THz$ 范围内，双开口矩形环结构的确实现了太赫兹频带内的非对称传输。在正向传输的情况下，t_{xy} 在 $1.154\,THz$ 处达到峰值 0.87，而相应的 t_{yx} 的值只有 0.14；另外，在频率范围 $0.93\sim1.43\,THz$ 内，t_{xy} 均大于 t_{yx} 的传输效率，并且 t_{xy} 的传输效率均在 0.6 以上，而 t_{yx} 的传输效率均在 0.3 以下。该结构具有良好的非对称传输效果，并且当线极化波传输方向改变（即沿 $-z$ 方向入射）时，t_{yx} 和 t_{xy} 相应的值与正向传输时对调，说明该非对称传输结构对于 x 和 y 两种线极化波均适用。

② 对于双 F 形结构，模拟发现在仿真频率范围内实现了太赫兹频带内的线极化波非对称传输。当电磁波正向（沿 $+z$ 方向）传输时，t_{xy} 在 $0.76\,THz$ 处达到峰值，峰值为 0.81，至于与之对应的 t_{yx} 的值几乎为零；另外，在整个频率范围内，t_{yx} 的传输效率都很低，全部小于 0.05；在频率范围 $0.7\sim0.82\,THz$ 内，t_{xy} 均大于 t_{yx} 的传输效率，并且 t_{xy} 的传输效率都在 0.6 以上，而 t_{yx} 的传输效率几乎为零。当电磁波反向（即沿 $-z$ 方向）传输时，t_{yx} 和 t_{xy} 相应的传输曲线与正向传输时对调，说明该非对称传输结构对于 x 和 y 两种线极化波均适用。

本章参考文献

［1］ Shi J, Liu X, Yu S, et al. Dual-band asymmetric transmission of linear polarization in bilayered chiral metamaterial ［J］. Applied Physics Letters，2013，102 (19)：191905.

［2］ Wu L, Yang Z, Cheng Y, et al. Giant asymmetric transmission of circular polarization in layer-by-layer chiral metamaterials[J]. Applied Physics Letters，2013，103(2)：021903.

［3］ Mutlu M, Akosman A E, Serebryannikov A E, et al. Asymmetric transmission of linearly polarized waves and polarization angle dependent wave rotation using a chiral metamaterial[J]. Optics Express，2011，19(15)：14290-14299.

［4］ Shi J, Ma H, Guan C, et al. Broadband chirality and asymmetric transmission in ultrathin 90-twisted Babinet-inverted metasurfaces[J]. Physical Review B，2014，89 (16)：165128.

［5］ Cheng Y, Nie Y, Wang X, et al. An ultrathin transparent metamaterial polarization transformer based on a twist-split-ring resonator[J]. Applied Physics A，2013，111 (1)：209-215.

［6］ Singh R, Plum E, Menzel C, et al. Terahertz metamaterial with asymmetric transmission ［J］. Physical Review B，2009，80(15)：153104.

［7］ Fang S, Luan K, Ma H F, et al. Asymmetric transmission of linearly polarized waves in terahertz chiral metamaterials[J]. Journal of Applied Physics，2017，121 (3)：033103.

［8］ Dai L, Zhang Y, O'Hara J F, et al. Controllable broadband asymmetric transmission of terahertz wave based on Dirac semimetals ［J］. Optics Express，2019，27 (24)：35784-35796.

［9］ Huang C, Feng Y, Zhao J, et al. Asymmetric electromagnetic wave transmission of linear polarization via polarization conversion through chiral metamaterial structures ［J］. Physical Review B，2012，85(19)：195131.

［10］ Mutlu M, Akosman A E, Serebryannikov A E, et al. Diodelike asymmetric transmission of linearly polarized waves using magnetoelectric coupling and electromagnetic wave tunneling[J]. Physical Review Letters，2012，108(21)：213905.

［11］ Fedotov V A, Schwanecke A S, Zheludev N I, et al. Asymmetric transmission of light and enantiomerically sensitive plasmon resonance in planar chiral nanostructures[J]. Nano Letters，2007，7(7)：1996-1999.

［12］ Fan W, Wang Y, Zheng R, et al. Broadband high efficiency asymmetric transmission of achiral metamaterials[J]. Optics Express，2015，23(15)：19535-19541.

第2部分　太赫兹超材料器件的
仿真建模和数据处理

第5章 双频段带通滤波器的建模与分析

本章仿真的模型如图 5-1 所示,它是在单层钼金属上形成大小十字孔的周期结构。该结构的具体尺寸为:周期 $P=640\ \mu m$,大十字长度 $a=500\ \mu m$,小十字长度 $b=400\ \mu m$,大十字宽度 $w_1=70\ \mu m$,小十字宽度 $w_2=40\ \mu m$,钼金属的厚度 $t=100\ \mu m$。

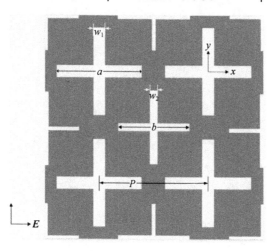

图 5-1 2×2周期结构的双十字孔带通滤波器模型

5.1 运行并新建工程

5.1.1 新建工程

双击 CST 的快捷方式图标 ,启动软件,得到图 5-2。点击图 5-2 中的【New Template】,新建一个 CST 工程。接着选择【MW&RF&OPTICAL】模块下的【Periodic Structures】,点击【Next】。Workflow 使用默认设置【FSS,Metamaterial-Unit Cell】,点击【Next】并选择【Phase Reflection Diagram】。求解器选择频域求解器【Frequency Domain】。

图 5-2 新建工程界面图

5.1.2 设置单位

在打开频域求解器【Frequency Domain】后,得到图 5-3,用来设置工程中的默认单位。本例中依次选择 μm、THz、ns。点击【Next】后,设置求解的频率区域,设置 Frequency min 和 max 分别为 0.2 THz 和 0.5 THz,点击【Next】后选择默认模板【FSS,Metamaterial-Unit Cell】,最后点击【Finish】完成工程创建。

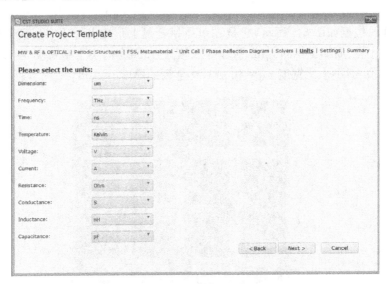

图 5-3　设置单位

5.2　建立仿真模型

在打开的 CST 中,点击最上方菜单中的【Modeling】选项卡,选择长方体结构【Brick】,如图 5-4 所示,根据提示按下【ESC】键,得到图 5-5 所示的对话框。为便于后面的参数修改,在该对话框中直接输入变量 a 和 w_1。输入完成后,会依次弹出图 5-6 所示的新对话框,要求输入 a 和 w_1 的具体数值。在输入数值时不需要输入单位。

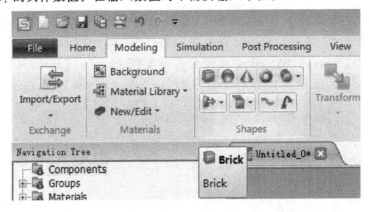

图 5-4　选择并点击【Brick】建立一个小方块模型

按图 5-5 输入坐标变量。

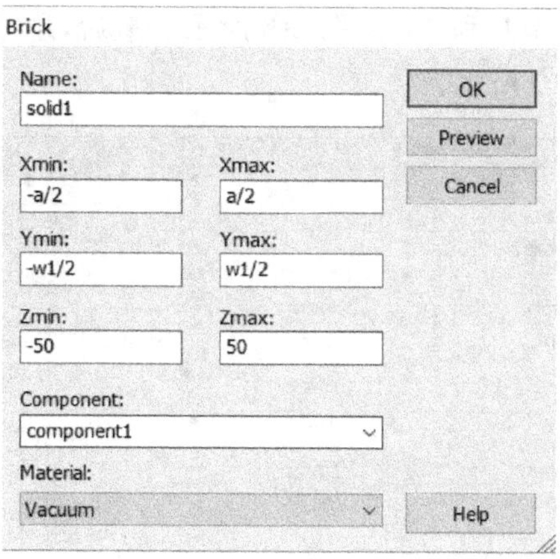

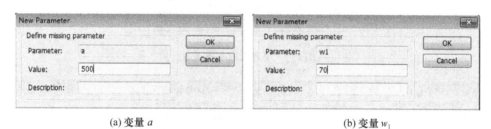

图 5-5 输入坐标变量

(a) 变量 a　　(b) 变量 w_1

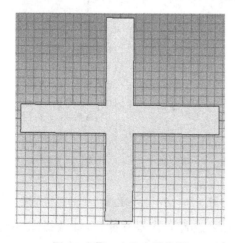

图 5-6 设置变量 a 和 w_1 的具体数值

设置完变量并点击【OK】后，得到第一个小方块 solid1。选中 solid1，点击图 5-4 中的【Transform】按钮，使其沿 z 方向旋转 90°，操作后得到 solid1_1。注意同时在【Transform】对话框中选择 copy 项，保证原来的 solid1 不变，若没有选择 copy，则只能得到新旋转后的一个结构 solid1。生成两个交叉十字结构后，选中两个方块，对两个方块进行布尔运算中的加法操作，使其成为一个整体，得到图 5-7 所示的第一个大十字结构。

图 5-7 第一个十字结构图

按照同样的方法，再在工作区绘制另一个小方块结构，参数变量设置如图 5-8 所示，将 b 和 w_2 的初始值分别设置为 400 和 40，如图 5-9 所示。最后，通过旋转和布尔加法运算得到小十字结构 solid2，如图 5-10 所示。

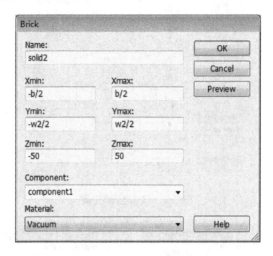

图 5-8　小方块的参数设置

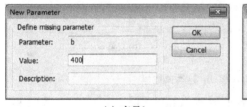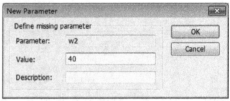

(a) 变量 b　　　　　　　　　　　　　　(a) 变量 w_2

图 5-9　设置变量 b 和 w_2 的具体数值

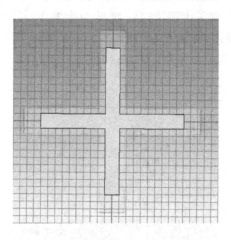

图 5-10　小十字结构 solid2 的建模完成

接着对小十字结构 soild2 进行 4 次平移操作，即选择图 5-4【Transform】对话框中的【Translate】选项，前三次均同时勾选 copy 项。平移时，【Translation vector】中的 (x, y, z) 分别取 $(p/2, p/2, 0)$，$(p/2, -p/2, 0)$，$(-p/2, p/2, 0)$，$(-p/2, -p/2, 0)$，p 的初始值为周

期尺寸 640 μm。第一次移动的设置如图 5-11 所示。由于引入了输入变量 p，所以在 Tansform 设置完成后，软件会自动弹出输入变量参数的设置，如图 5-12 所示。点击【OK】后得到第一次平移后的结果，如图 5-13 所示。平移 4 次小十字图形后得到的结果如图 5-14 所示。

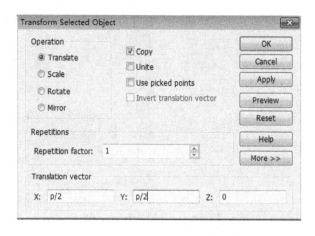

图 5-11　第一次移动时 Transform 菜单的设置

图 5-12　输入变量 p 的数值

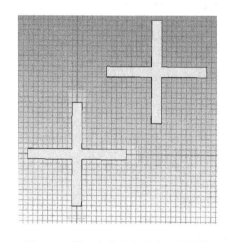

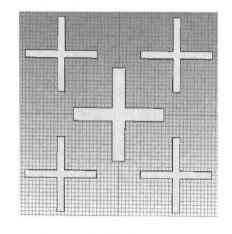

图 5-13　第一次移动小十字后的结果　　　　图 5-14　4 次平移小十字后的结果

　　由于所仿真的结构为一周期单元，因此需要建立一个周期长度的金属钼板，在上面减掉一个大十字和 4 个小十字后就可以得到挖空结构的双十字模型。为得到模拟的周期单元，首先需绘制一个长方块 brick，得到 solid3，变量设置如图 5-15 所示。由于 p 的数值在前面

已经设置了，在这里不需要再重新输入变量 p 的值。选中 solid3，在图 5-4 中点击
【Boolean】，在其下拉菜单中选择【Substrate】，按照提示选中其余 5 个十字图形，点击
【Enter】键后，就实现了方块对 5 个十字结构的布尔减法操作，得到了一个周期单元的双十
字开孔结构，如图 5-16 所示。

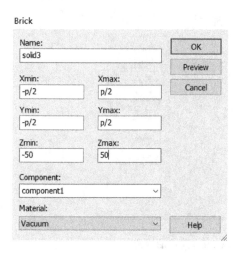

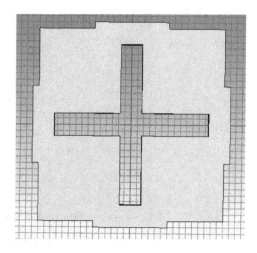

图 5-15　solid3 的输入坐标变量对话框　　　图 5-16　双十字开孔结构的周期单元

　　由于开孔结构的材料为钼，下面对该结构进行材料的设置。如图 5-17 所示，首先在
【Navigation Tree】中选中开孔方块 solid3，点击右键选择【Change Material and Color】，得
到图 5-18。选择【New Material…】，得到参数设置对话框，如图 5-19 所示。在【General】选
项中，【Type】选择【Lossy metal】，设置钼的电导率【Electric conductivity】为 1.76e7。

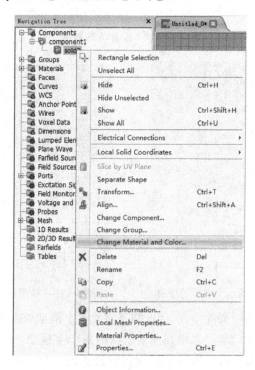

图 5-17　材料的设置选项

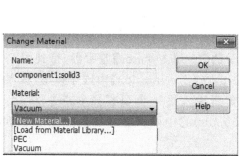

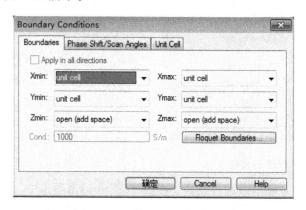

图 5-18 【Change Material】窗口   图 5-19 设置钼材料的参数

5.3 设置运行条件

5.3.1 设置边界条件

在 CST 最上层菜单【Simulation】选项卡中,点击左侧的【Boundaries】可以打开边界条件的设置对话框,如图 5-20 所示。

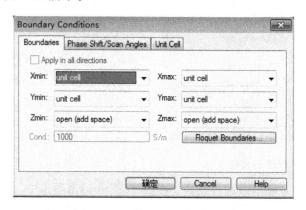

图 5-20 设置边界条件

5.3.2 设置频率范围

在菜单【Simulation】选项卡中,点击【Frequency】可以得到修改或设置仿真模型频率范围的对话框,如图 5-21 所示。

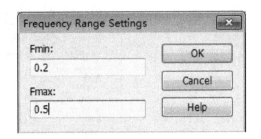

图 5-21　设置仿真的频率范围

5.3.3　设置监听器

在【Simulation】选项卡中,点击如图 5-22 所示的【Field Monitor】监听器,得到图 5-23 所示的对话框。选中要监听的场,例如电场 E-Field,在【Specification】中选择频率,输入要观察的频率点 0.303,点击【Apply】按钮后,再重新输入另一个观察频率点 0.38,点击【OK】。在左侧【Navigation】下拉菜单的【Field Monitors】中可以看到加入的两个电场观察点。

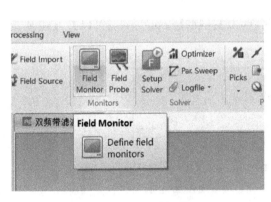

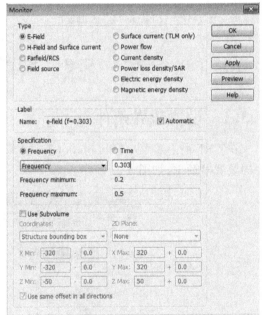

图 5-22　打开 CST 的监听器　　　　图 5-23　设置监听器

在仿真之前,需要对激励源进行设置。在【Simulation】选项卡中,点击如图 5-24 所示的【Setup Solver】,得到图 5-25 所示的对话框。【Source type】选择【All＋Floquet】端口,点击【Start】开始仿真。

图 5-24 设置求解器

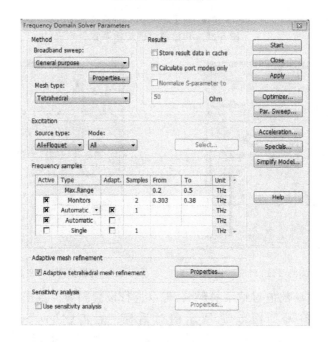

图 5-25 设置激励源

5.4 查看并处理仿真结果

仿真计算结束后,在左侧结构树【Navigation Tree】下面的【1D Results】中可以查看 S 参数,选中【SZmax(1),Zmax(1)】得到图 5-26。其中【SZmin(1),Zmax(1)】代表 1 模式从 Zmax 端口入射并从 Zmin 端口出射的 S 参数,实际上是模式 1 对应的反射曲线 S_{11}。图 5-26 给出了各参数设置为初始值的 TE 极化波或 TM 极化波的传输曲线,可以看到有两个通带,对应的谐振频率分别为 0.303 THz 和 0.38 THz。图 5-27 和图 5-28 分别给出了该结构在谐振频率分别为 0.303 THz 和 0.38 THz 处的电场分布。可见在谐振频率 0.303 THz 处,电场主要集中在大十字周围,而在谐振频率 0.38 THz 处,电场主要集中在小十字周围,这说明双波段传输主要是由两个十字的谐振叠加造成的。

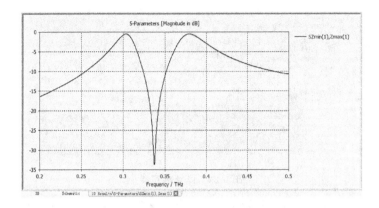

图 5-26　初始值时的传输系数

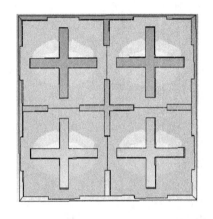

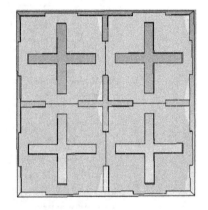

图 5-27　谐振频率 0.303 THz 对应的电场分布　　图 5-28　谐振频率 0.38 THz 对应的电场分布

　　如果要分析不同参数值对结果的影响,可以进行设置扫频。点击【Simulation】选项卡中的【Par. Sweep】,打开如图 5-29 所示的对话框。点击【New Seq.】后空白处出现【Sequence1】,点击【New Par…】按钮后,弹出的新对话框如图 5-30 所示。在【Name】中选择变量【a】,再设置参数 a 的扫描类型【Type】为【Linear sweep】,【From】和【To】分别设置为460 和 540,【Samples】设置为 3,点击【OK】后,则在【Sequence 1】下面显示 a 的参数扫描值为 460、500 和 540,如图 5-31 所示。若需要对其他参数进行扫频,可以重复以上操作,引入 Sequence 2、Sequence 3、Sequence 4 等。为便于在【Navigation Tree】中看到参数扫描的结果,在图 5-31 中点击右侧的【Start】按钮,开始参数扫描的仿真计算。

图 5-29　打开扫频对话框

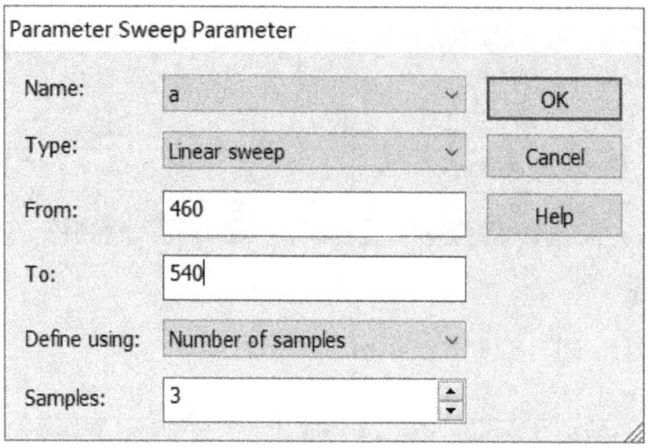

图 5-30 设置变量 a 的扫频参数

图 5-31 设置变量后的扫频对话框

在图 5-31 中点击【Result Template…】来对需要保留的参数扫描结果进行设置。在弹出的对话框中选择【General Results】下的【General 1D】设置。在此选择的是模式 1 对应的传输曲线 S_{21}，即 SZmin(1)，Zmax(1) 对应的幅度结果，如图 5-32 所示，点击【OK】，最后得到的参数扫描设置结果如图 5-33 所示。

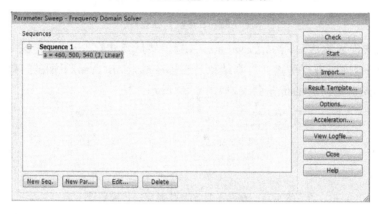

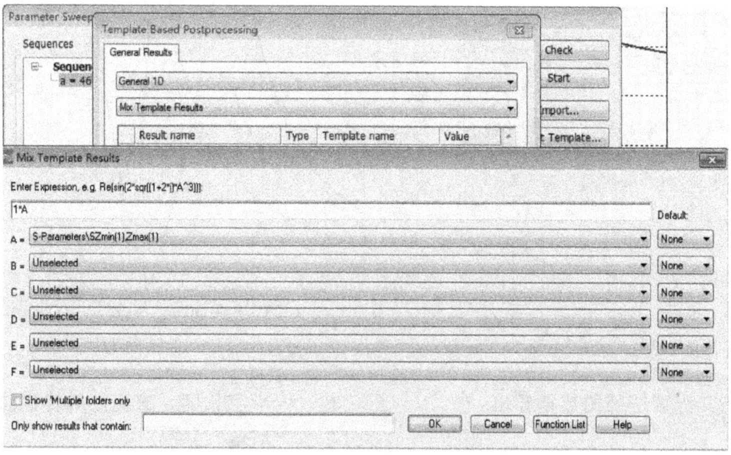

图 5-32 参数扫描结果的查看设置

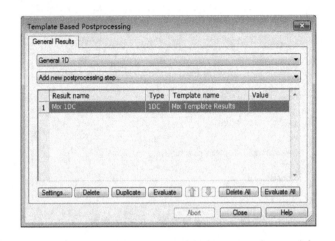

图 5-33　S 参数扫描设置

　　S 参数扫描设置完成后，点击【Evaluate All】。然后点击【Close】关闭该对话框，再点击图 5-31 的【Start】按钮进行仿真。仿真结束后在【Navigation Tree】下面的【1D Results】中可以直接查看不同参数对应的传输曲线，如图 5-34 所示。

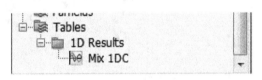

图 5-34　查看不同 S 参数对应的传输曲线

　　如图 5-35 所示，将得到的结果导出并导入 origin 中对数据进行处理。图 5-36 给出了当大十字长度 a 为 460、500、540 时传输曲线的变化情况，可见随着 a 的增大，高频段的谐振频率不变，而低频段的谐振频率往低频方向偏移。

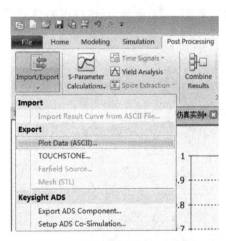

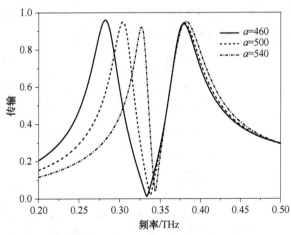

图 5-35　CST 仿真结果的数据导出　　　　图 5-36　大十字长度 a 的变化对传输曲线的影响

第6章　太赫兹吸波器的建模和仿真分析

在 CST 中进行建模及仿真的太赫兹吸波器的周期单元模型如图 6-1 所示,它是由金属平板、介质和其上的大小十字金属贴片构成的三层传统的吸波器结构。其具体尺寸如下:x方向的周期长度为 $P_x=900\ \mu m$,y 方向的周期长度为 x 方向周期长度的 2 倍,即 $P_y=2P_x$,大小十字金属贴片的长度分别为 $L_1=600\ \mu m$ 和 $L_2=400\ \mu m$,宽度均为 $w_1=w_2=300\ \mu m$,两个十字金属贴片和金属板的厚度均为 $t=18\ \mu m$,两个贴片之间的距离为 $d=400\ \mu m$,介质高度为 $h=370\ \mu m$,其中介质的相对介电常数 Epsilon 为 4.4,损耗角正切 $\tan\delta=0.03$,而接地板和大小十字金属贴片的材料为电导率为 $\sigma=5.8\times10^7$ S/m 的铜。

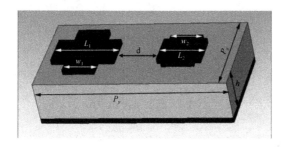

图 6-1　太赫兹吸波器的结果模型

6.1　运行并新建工程

6.1.1　新建工程

双击 CST 的快捷方式图标，启动软件,打开 CST 界面,如图 6-2 所示。点击图 6-2 中的【New Template】,新建一个 CST 工程。

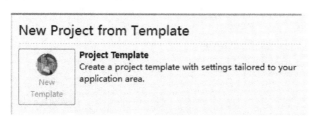

图 6-2　新建工程界面图

接着在对话框〔图 6-3（a）〕中选择【MW&RF&OPTICAL】模块下的【Periodic Structures】。点击【Next】后,使用默认设置【FSS,Metamaterial-Unit Cell】,如图 6-3(b)所

示,然后点击【Next】。如图 6-3(c)所示,选择【Phase Reflection Diagram】,点击【Next】,最后求解器选择频域求解器【Frequency Domain】,如图 6-3(d)所示。

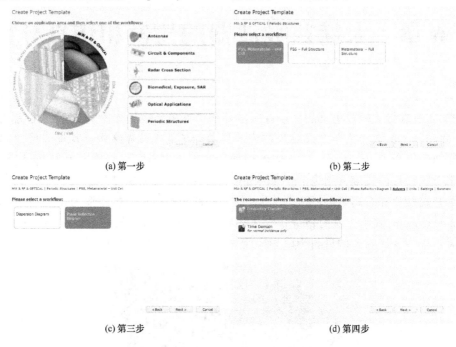

(a) 第一步   (b) 第二步

(c) 第三步   (d) 第四步

图 6-3　新建工程过程图

6.1.2　设置单位

在打开选择的频域求解器【Frequency Domain】后,得到如图 6-4 所示的对话框中来设置工程中的默认单位。本例依次选择 μm、THz、ns。点击【Next】后,设置求解的频率区域,其实频率区域也可以不在此进行设置,在后面 CST 模型运行时再进行设置。在本例中直接点击【Next】后,选择默认模板【FSS,Metamaterial-Unit Cell】,最后点击【Finish】完成工程创建,得到的新建 CST 工程界面如图 6-5 所示。

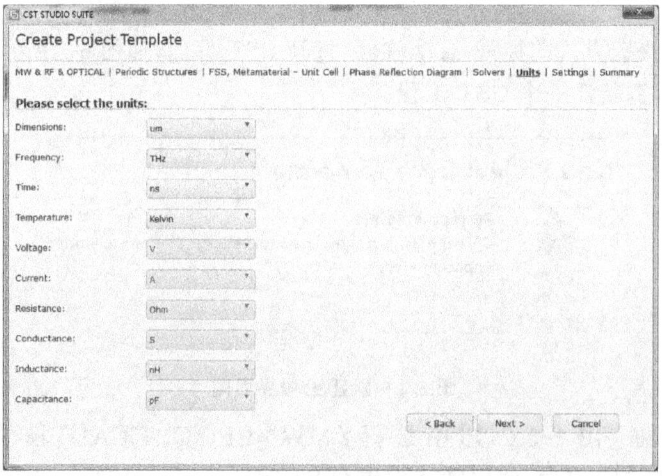

图 6-4　选择单位

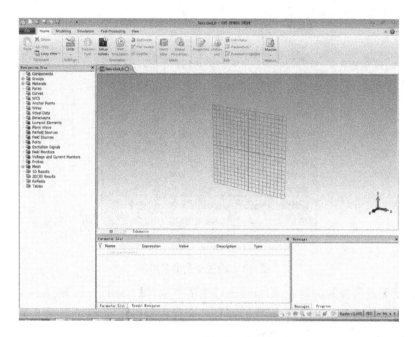

图 6-5　新建 CST 工程界面

6.2　建立仿真模型

6.2.1　创建金属板

首先建立太赫兹吸波结构中的金属板模型。在图 6-6 中,点击最上方菜单中的
【Modeling】选项卡,并点击方块【Brick】,按下【ESC】键,得到如图 6-7 所示的对话框,用来设
置金属板一个周期单元的尺寸。在这里把金属板 x、y 和 z 方向的长度分别设置为 P_x、P_y
和 t,以便于以后的参数修改和扫描。设置完成后会分别弹出 3 个对话框,来设定 P_x、P_y 和
t 变量的具体数值,我们依次输入其对应的数值 $P_x = 900$、$P_y = 1\ 800$ 和 $t = 18$,注意单位不
需要输入。

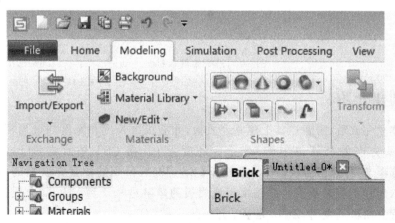

图 6-6　创立金属板

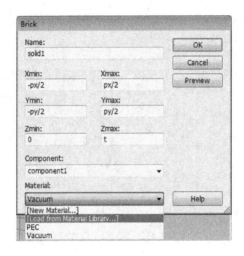

图 6-7 设置金属的尺寸

接下来设置金属板的材料,在【Material】选项中选择【Load from Material Library⋯】,得到的新对话框如图 6-8 所示,选择我们需要的金属板材料【Copper(pure)】,对应的【Type】为【Lossy metal】,点击【Load】,材料设置成功。

图 6-8 选择金属板材料

6.2.2 创建介质板

金属板建立完成后,需要在其上建立介质板,介质板的长度和宽度与金属板的相同,介质板在 x 和 y 方向的长度也为 P_x 和 P_y,高度为 h。在 CST 中点击最上方菜单中的【Modeling】选项卡,并点击方块【Brick】,按下【ESC】键后得到的设置介质板的对话框如图 6-9 所示,输入对应的变量长度。注意由于金属板的厚度是从 0 到 t 的,而介质板的厚度为 h,所以在设置介质板高度时,Zmin 是从 t 开始的。

图 6-9 创建介质板的尺寸

为设置介质板的材料,在【Material】选项中选择【New Material】。得到的【New Material Parameters】对话框如图 6-10 所示。如图 6-10(a)所示,首先在【General】菜单栏中,选择【Type】为【Normal】,设置材料的相对介电常数【Epsilon】为 4.4。为设置材料的损耗角正切值,点击【Conductivity】菜单栏,得到图 6-10(b),在【Tangent delta el.】中输入 0.03,这代表介质的介电损耗角正切值为 $\tan\delta=0.03$。点击【OK】完成介质材料的相对介电常数和损耗角正切值的设置。创建好的介质板和金属板结构如图 6-11 所示。

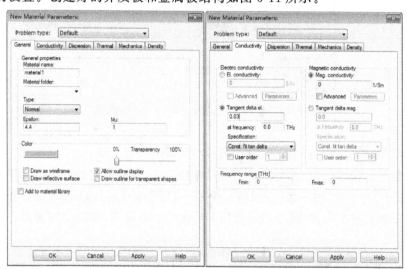

(a) 设置相对介电常数   (b) 设置损耗角正切值

图 6-10 设置介质板的材料

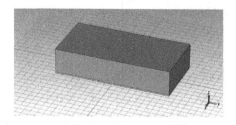

图 6-11 创建好的介质板与金属板结构

6.2.3　创建大小十字金属贴片

接下来创建两个大小十字金属贴片。创建十字结构的方法是先建立一个长方体,将该长方体旋转 90°,利用布尔运算将两个长方体相加得到其中一个十字结构;或者直接建立大十字的另一边,用布尔运算将两个长方体相加,得到十字结构。最后,把十字结构移到相应的位置。下面给出建立大十字结构的具体步骤。

点击 CST 最上方菜单中的【Modeling】选项卡,并点击方块【Brick】,按下【ESC】键,得到的创建大十字长方体的对话框如图 6-12 所示。为便于后面的参数调整,采用变量设置长方体的尺寸,设置长方体的长度和宽度分别为 L_1 和 W_1,厚度为 t。由于金属贴片是放在介质表面的,所以其厚度是从 $t+h$ 开始的,其中 t 和 h 分别是金属板和介质板的厚度。设置完变量并点击【OK】后,在弹出的对话框中分别输入 L_1 和 W_1 的尺寸(600 和 300)。

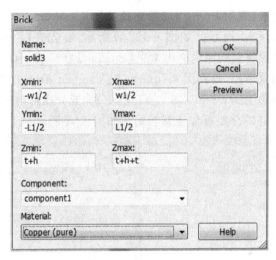

图 6-12　创建大十字长方体

选中刚创建的长条结构,点击图 6-13(a)的【Transform】,得到的对话框如图 6-13(b)所示,选中【Rotate】选项,同时注意勾选【Copy】一栏,在【Rotation angles】下面设置 z 为 90,即让长方体绕 z 轴旋转 90°,点击【OK】得到旋转后的十字结构图,如图 6-14 所示。

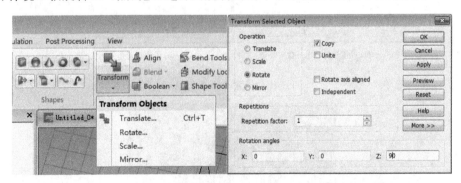

(a) 变换窗口选择　　　　　　　　　　(b) 变换文本框的设置

图 6-13　利用变换创建大十字的另一个长方体

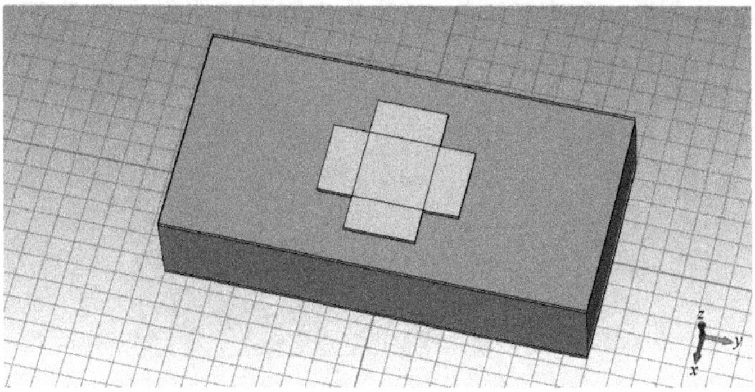

图 6-14 长方体旋转 90°后得到的结构图

由于两个长方体是相互交叠的，所以需要通过布尔运算中的合并操作来获得十字结构。首先选中两个长方体，即在左边【Navagation Tree】→【Components】→【Component1】中选择。然后点击图 6-15 所示的【Boolean】中的【Add】，接着按下键盘上的【Enter】键，得到的第一个十字贴片的结构如图 6-16 所示。

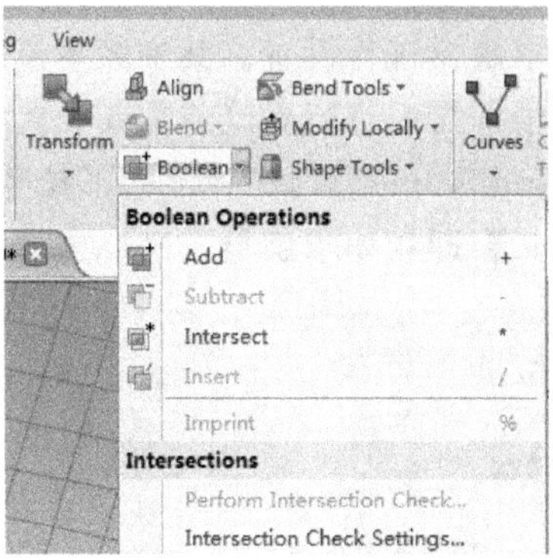

图 6-15 将两个长方体进行相加操作

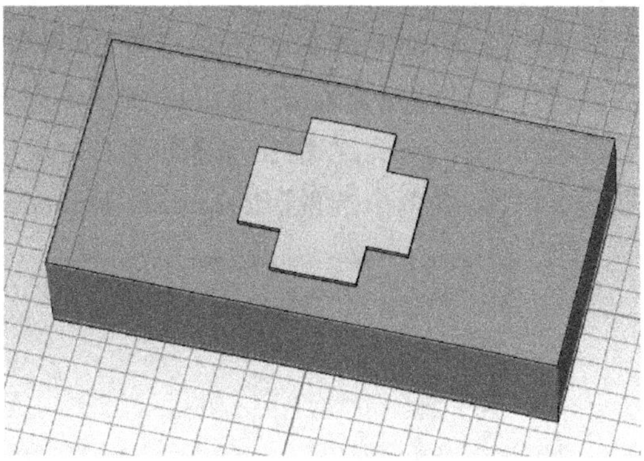

图 6-16 得到的第一个十字贴片的结构

下面需要把该十字结构移动到相应的位置。首先选中该十字结构，点击【Transform】，得到的对话框如图 6-17 所示，在【Translate】中输入沿 y 轴移动的距离 $-d/2-L_1/2$，然后点击【OK】，可得到移动的结果，如图 6-18 所示。

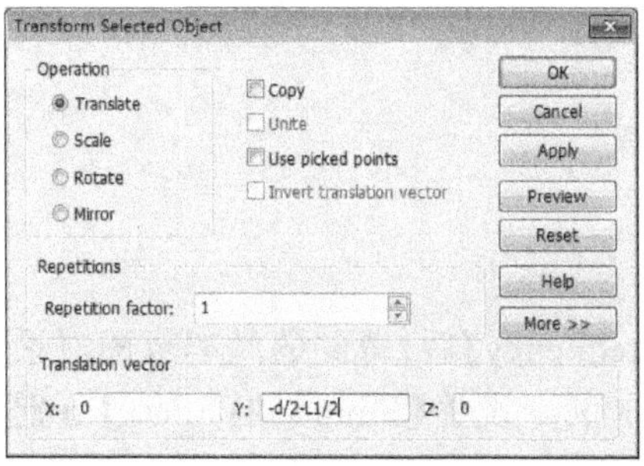

图 6-17 输入移动距离

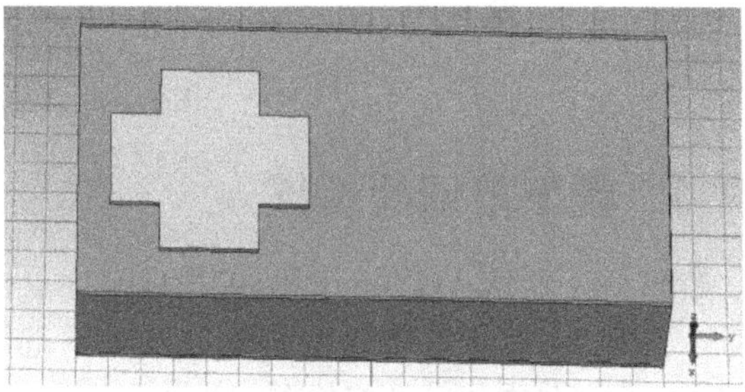

图 6-18 移动后的十字结构

同理,用类似的方式建立小十字结构,最终得到的模型如图 6-19 所示。

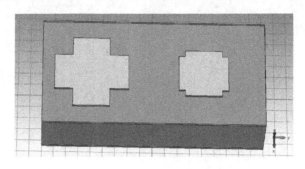

图 6-19　双十字吸波器的完整结构

6.3　模型的仿真分析

6.3.1　求解器的设置

在仿真之前,需要对仿真的频率范围、边界条件和求解器进行设置。其中频率范围和求解器在创建工程时可先设置好,也可以在建模完成后,根据需要进行更改或重新设置。求解器的设置如图 6-20 所示,在【Home】选项卡中点击【Setup Solver】后,在弹出的下拉菜单中,可以更改求解器,本例中选取【Frequency Domain Solver】,即频率求解器。

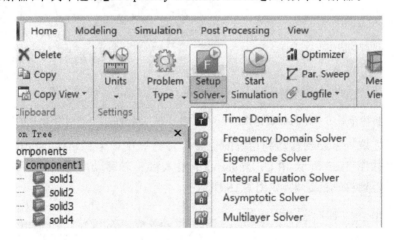

图 6-20　选择求解器

6.3.2　频率范围的设置

如图 6-21 所示,在【Simulation】选项卡中点击【Frequency】后,得到的频率范围对话框如图 6-22 所示,在这里可以设置或修改频率范围。本例中设置【Fmin】和【Fmax】分别为 0.2 和 0.4,即代表仿真的频率范围为 0.2~0.4 THz。

图 6-21 设置频率范围按钮

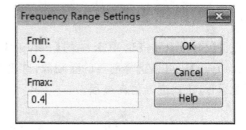

图 6-22 频率范围对话框

6.3.3 边界条件的设置

在【Simulation】选项卡中，点击【Boundaries】得到如图 6-23 所示的对话框，可以设置边界条件。本次仿真设置的边界条件为：X、Y 方向设置为【unit cell】，Z 方向设置为【open(add space)】。这样软件会将 X、Y 方向设置为周期边界条件，而在 Z 方向会自动添加两个端口，端口名称分别为 Zmax 和 Zmin。

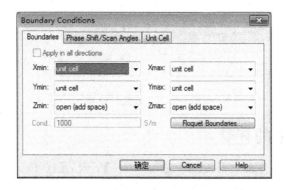

图 6-23 设置边界条件

6.3.4 端口模式数量的设置

边界条件设置完成后，在结构树【Navigation Tree】下面的【Ports】中可以查看这两个端口。双击其中一个端口得到的对话框如图 6-24 所示，其中默认【Number of Floquet modes】为 2，表示仿真时每个端口都要对 2 模式对应的传输和反射特性进行计算。通常为节省计算时间，只需要考虑两个平面波模式，即 TE 和 TM，因此将【Number of Floquet modes】设置为 2。

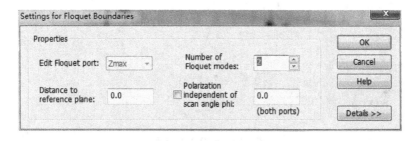

图 6-24 端口模式的设置

6.3.5 激励源的设置

点击【Simulation】选项卡中的【Setup Solver】，得到的对话框如图 6-25 所示。在【Source type】中可以选择需要的激励源，这里选择【All＋Floquet】，点击【Start】按钮后，程序开始运行，正式进入仿真过程。

图 6-25　激励源的设置

6.3.6 仿真结果的查看

仿真计算结束后，在左侧结构树【Navigation Tree】下面的【1D Results】中可以查看 S 参数，选中【SZmax(1),Zmax(1)】可得到如图 6-26 所示的对话框。其中【SZmax(1),Zmax(1)】代表模式 1 从 Zmax 端口入射并从 Zmax 端口出射的 S 参数，实际上是模式 1 对应的反射曲线 S_{11}。【SZmin(1),Zmax(1)】代表模式 1 从 Zmax 端口入射并从 Zmin 端口出射的 S 参数，实

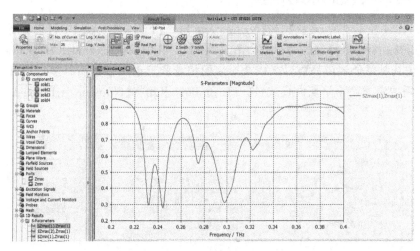

图 6-26　S 参数的查看

际上是模式 1 对应的传输曲线 S_{21}。【SZmax(2),Zmax(1)】代表模式 1 从 Zmax 端口入射并从 Zmax 端口转换为模式 2 出射的 S 参数,实际上是模式 1 转换模式 2 的传输曲线 S_{21}。图 6-26 显示的曲线是模式 1 以幅度形式表示的反射曲线,这是因为选中了图 6-26 上方的【Linear】按钮。如果点击图 6-26 上方的【dB】,可以让数据以传输(dB)的形式表示,若点击【Phase】,则显示该传输曲线对应的相位曲线。

6.3.7 参数扫描结果的查看

在左侧结构树【Navigation Tree】下面的【1D Results】中查看 S 参数,通常只有一个参数对应的结果。为了查看多参数扫描后对应的 S 散射,可以通过点击【Simulation】选项卡中的【Par. Sweep】,在【Result Template】中进行设置,对【Navigation Tree】中【Table】对应的【1D Results】中保留的结果,可直接进行查看和比较。下面以扫描入射角度为例进行设置。

首先,在【Simulation】选项卡中点击【Boundary】,并选择【Phase Shift/Scan Angles】,将入射角 Theta 和方位角 Phi 分别定义为变量 Theta 和变量 Phi,如图 6-27 所示。点击【确认】后,设置初始值均为 0°。

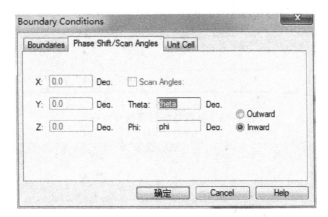

图 6-27 入射角度 Theta 和方位角 Phi 变量的设置

点击【Simulation】选项卡中的【Par. Sweep】,得到如图 6-28(a)所示的对话框,点击【New Seq.】,生成【Sequence 1】,再点击【New Par…】,得到新的对话框图,如图 6-28(b)所示,选择变量 theta,设置扫描范围是 10°~40°,样本数为 4,点击【OK】。

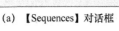

(a)【Sequences】对话框　　　　　　　(b) 生成【Sequence 1】

图 6-28　Par. Sweep 对话框

在图 6-29 所示的对话框中,点击【Result Template…】来对需要保留的参数扫描结果进行设置。在弹出的对话框中选择【General Results】下的【General 1D】进行设置。在此选择的是模式 1 对应的传输曲线 S_{21},即【SZmin(1),Zmax(1)】对应的幅度结果。点击【OK】后再选择模式 1 对应的反射传输曲线 S_{11},即【SZmax(1),Zmax(1)】对应的幅度结果。最后添加的结果曲线如图 6-30 所示。

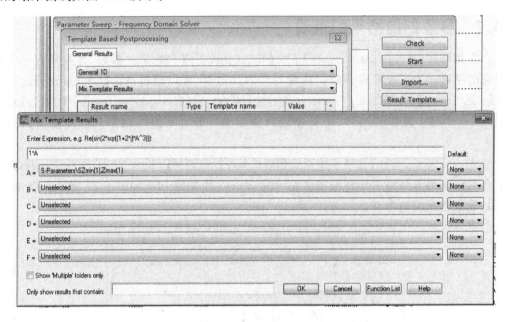

图 6-29 参数扫描结果的查看设置

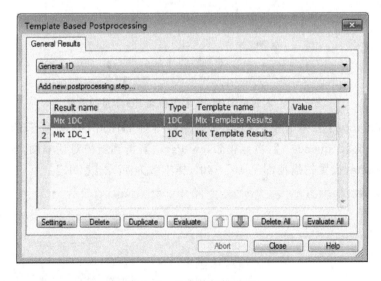

图 6-30 S 参数扫描设置

S 参数扫描设置完成后,点击【Evaluate All】。然后点击【Close】关闭该对话框。再点击图 6-29 所示的对话框的【Start】按钮进行仿真。仿真结束后可在【Navigation Tree】下面的【1D Results】中直接查看不同参数对应的传输和反射曲线,如图 6-31 所示。

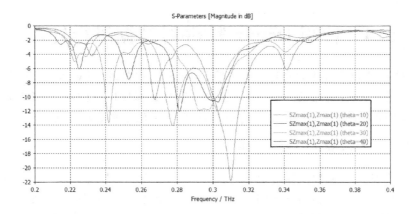

图 6-31 S 参数扫描结果查看

6.3.8 吸收曲线的设置和查看

在以上设置完成后,在【Navigation Tree】下面的【1D Results】中可以直接得到仿真对应的传输和反射曲线。若要得到该结构某一模式的吸收曲线,可以将反射曲线 S_{11} 和传输曲线 S_{21} 分别导出,利用公式 $A = 1 - S_{11}^2 - S_{21}^2$ 计算得到。此外,也可以直接在 CST 中点击【Simulation】选项卡中的【Par. Sweep】,再点击【Result Template…】得到对话框【Template Based Postprocessing】,如图 6-32 所示,选择【General 1D】和【Mix Template Results】。在【Mix Template Results】中选择模式 1 对应的传输曲线 S_{21}〔即【SZmin(1),Zmax(1)】〕和反射传输曲线 S_{11}〔即【SZmax(1),Zmax(1)】〕。然后在上方空白处输入 $1 - A\hat{\;}2 - B\hat{\;}2$,点击【OK】后即设置了模式 1 对应的吸收曲线。当点击【Parameter Sweep】的【Start】运行完程序后,就可以在【Navigation Tree】下面的【1D Results】中查看吸收曲线【Mix 1DC】的结果。

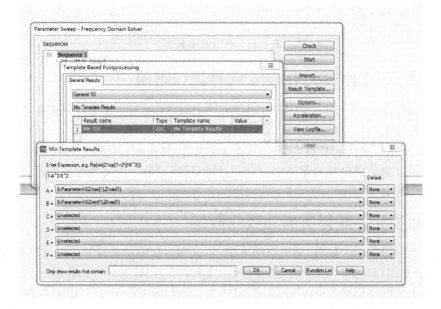

图 6-32 查看吸收曲线的设置

6.4 使用 Origin 软件对数据进行处理

虽然在 CST 中可以直接观察对应的传输、反射和吸收曲线,但实际上往往需要对曲线进行处理。目前 Origin 是比较方便好用的画图和数据处理软件,能够根据需求方便地调整曲线的格式,因此下面介绍如何采用 Origin 软件对 CST 的数据进行处理和画图。

6.4.1 获得 S 参数的 txt 文件

先要将 CST 中的 S 参数值导出为 txt 文档。在【1D Results】→【S-Parameters】中,鼠标左键单击【Szmax(1),zmin(1)】选中模式 1 下的 S_{11} 参数,这里我们需要的数据是 Linear 模式,可在【1D Plot】中将数据设置为 Linear 模式。如图 6-33(a)所示,点击【Post Processing】→【Import/Export】→【Plot Data(ASCll)】。保存的 txt 文件即 S_{11} 的频率和幅度曲线对应的原始数据,如图 6-33(b)所示。按照同样的步骤可将其他需要的 S 参数保存为 txt 文档。

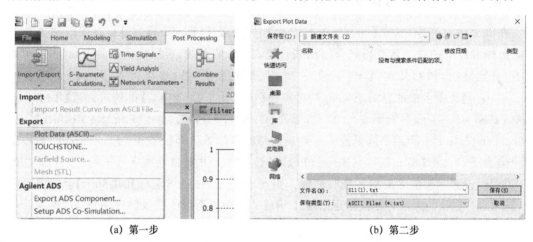

(a) 第一步   (b) 第二步

图 6-33　导出 S 参数值

6.4.2 将 txt 文件导入 Origin 软件进行画图

打开 Origin 软件,Origin 2018 的工作界面如图 6-34 所示。在文件中选择导入的数据,假定我们需要导入的有 4 组数据,所以在此选择【File】→【Import】→【Multiple ASCII …】,如图 6-35(a)所示。找到从 CST 导出的 4 个 txt 文件,如图 6-35(b)所示,将其一次性导入。由于每个数据文件的横坐标均相同(为频率),所以可将后面 3 个文件对应的列直接删掉,得到的数据如图 6-36 所示。

6.4.3 通过计算获得所需的吸收数据

针对以上导出的 4 个数据,为得到吸收谱,可进行一次简单的计算。先计算模式 1 下的吸收谱,在图 6-37(a)的窗口空白处点击右键→【Add New Columns】,得到 F 列,然后点击该空白列最上方的字母编号 F,选中该列,点击右键→【Set Columns Values】,在图 6-37(b)的窗口空白处输入公式。其中 col(b)和 col(d)的值分别对应模式 1 的 S_{11} 和 S_{21}。同理可得到模式 2 对应的吸收曲线列 G 列。

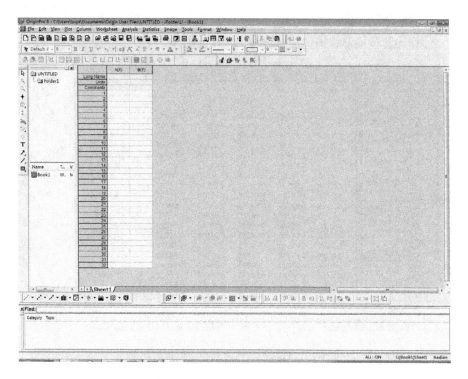

图 6-34　Origin 软件工作界面

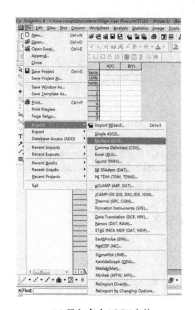

(a) 导入多个ASCII文件

(b) 找到需要导入的txt文件

图 6-35　在 Origin 中导入 4 个 txt 文件

	A(X)	B(Y)	D(Y)	F(Y)	H(Y)
Long Name					
Units					
Comments					
1	0.2	0.93895	0.94956	0.95549	0.96033
2	0.2002	0.9384	0.94906	0.95557	0.96055
3	0.2004	0.93784	0.94854	0.95563	0.96075
4	0.2006	0.93728	0.94801	0.95568	0.96095
5	0.2008	0.93672	0.94746	0.95571	0.96113
6	0.201	0.93615	0.9469	0.95572	0.96131
7	0.2012	0.93558	0.94631	0.95573	0.96147
8	0.2014	0.93501	0.9457	0.95571	0.96163
9	0.2016	0.93443	0.94508	0.95568	0.96177
10	0.2018	0.93384	0.94443	0.95563	0.9619
11	0.202	0.93325	0.94375	0.95556	0.96202
12	0.2022	0.93266	0.94305	0.95548	0.96213
13	0.2024	0.93206	0.94233	0.95538	0.96223
14	0.2026	0.93146	0.94158	0.95525	0.96232
15	0.2028	0.93085	0.9408	0.95511	0.96239
16	0.203	0.93023	0.93999	0.95495	0.96245
17	0.2032	0.92961	0.93916	0.95477	0.9625
18	0.2034	0.92899	0.93828	0.95457	0.96253
19	0.2036	0.92836	0.93738	0.95434	0.96255
20	0.2038	0.92772	0.93643	0.9541	0.96255
21	0.204	0.92708	0.93545	0.95383	0.96254
22	0.2042	0.92643	0.93443	0.95353	0.96252

图 6-36　将其他 3 列的频率项删掉的结果

(a) 数据列

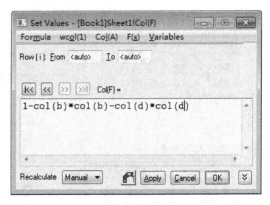

(b) 输入吸收公式

图 6-37　利用公式设置吸收

6.4.4　绘制图形

图 6-38 所示为模式 1 和模式 2 的吸收曲线,其中 A 列代表频率,F 列和 G 列分别代表模式 1 和模式 2 的吸收。绘制吸收曲线时,首先确认 A 列对应为 X 轴,若不是,则可以点击 A 选中该列,然后点击右键→【Set As】→【X】。同样也要确认 F 列和 G 列为 Y 列,若不是,则选择该列,然后点击右键→【Set As】→【Y】。按住键盘上的【Ctrl】键,分别点击 A(X)、F(Y)、G(Y) 3 列,可以同时选中这 3 列,然后点击右键→【Plot】→【Line】→【Line】,得到我们想要的图形,如图 6-38 所示。

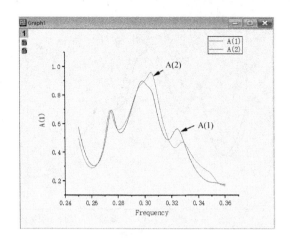

图 6-38 采用 Origin 得到的模式 1 和模式 2 的吸收曲线图

下面对曲线进行调整,首先双击坐标轴,在【Scale】里调整横纵左边的起止范围,如图 6-39(a)所示。此外,在【Grid Lines】一栏中可以选择为图形的右边和上边添加边框,如图 6-39(b)所示。

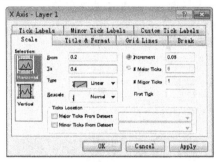
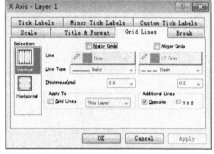

(a) 起始位置

(b) 选择边框

图 6-39 调整框图

双击曲线,得到的对话框如图 6-40(a)所示,在线条栏下可以调整线条的样式、宽度和颜色等。此外点击曲线右上角小方框中的文字,可以修改曲线的名称,点击右上角方块,在图6-40(b)中,在方框中选择填充颜色为【None】,即可把该小方框去掉。双击图像坐标轴附近的文字可以修改坐标轴的名称。最后修改得到的曲线如图 6-41 所示。

(a) 格式

(b) 去掉线条说明的边框

图 6-40 调整曲线

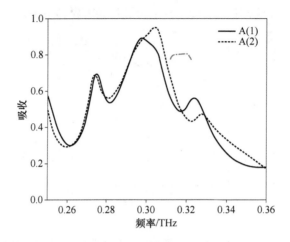

图 6-41 调整格式后的吸收曲线

6.4.5 绘制彩图

图 6-42 给出了不同入射角度对应的吸收曲线数据,其中第一列为频率。

	A(X)	J(Y)	K(Y)	L(Y)	M(Y)
Long Name	FrequencF				
Units					
Comments					
1	0.2	0.11838	0.09835	0.08703	0.07776
2	0.2002	0.11941	0.09929	0.08689	0.07735
3	0.2004	0.12045	0.10026	0.08677	0.07696
4	0.2006	0.1215	0.10127	0.08668	0.07658
5	0.2008	0.12256	0.10231	0.08662	0.07623
6	0.201	0.12362	0.10339	0.08659	0.07589
7	0.2012	0.12469	0.1045	0.08659	0.07557
8	0.2014	0.12576	0.10564	0.08662	0.07528
9	0.2016	0.12685	0.10683	0.08668	0.075
10	0.2018	0.12794	0.10806	0.08677	0.07474
11	0.202	0.12904	0.10933	0.0869	0.07451
12	0.2022	0.13015	0.11065	0.08706	0.0743
13	0.2024	0.13126	0.11201	0.08726	0.07411
14	0.2026	0.13239	0.11343	0.08749	0.07395
15	0.2028	0.13352	0.11489	0.08776	0.07381
16	0.203	0.13467	0.11641	0.08807	0.07369
17	0.2032	0.13582	0.11799	0.08842	0.0736
18	0.2034	0.13698	0.11962	0.0888	0.07354
19	0.2036	0.13815	0.12132	0.08923	0.0735
20	0.2038	0.13933	0.12309	0.0897	0.07349
21	0.204	0.14052	0.12493	0.09022	0.07351
22	0.2042	0.14172	0.12684	0.09078	0.07356
23	0.2044	0.14294	0.12883	0.09138	0.07364
24	0.2046	0.14416	0.1309	0.09203	0.07375
25	0.2048	0.14539	0.13305	0.09274	0.07389
26	0.205	0.14664	0.1353	0.09349	0.07407
27	0.2052	0.1479	0.13765	0.09429	0.07428
28	0.2054	0.14917	0.1401	0.09515	0.07452
29	0.2056	0.15045	0.14266	0.09606	0.0748

图 6-42 不同入射角度对应的吸收曲线数据

选中图 6-42 中除第一列之外的所有列,点击右键,选择【复制】。如图 6-43(a)所示,右键点击左下角的扫描参数【S11_1】后,选择【Add】,则在左下角出现新工作表【Sheet1】,如图 6-43(b)所示。

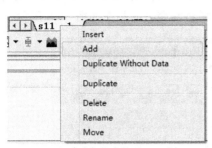

(a) 左击扫描参数【S11_1】

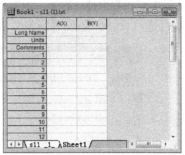

(b) 出现新工作表【Sheet 1】

图 6-43　添加新的工作表

右键点击工作表 Sheet1 的第一列第一行的空白处，选择【Paste Transpose】，如图 6-44(a) 所示。然后选中所有数据的行，如图 6-44(b) 所示，在【Worksheet】选项卡中选择【Convert to Matrix】→【Direct】→【Open Dialog…】，点击【OK】，得到图 6-45(a) 所示的对话框。点击图 6-45(a)【Matrix】选项卡中的【Set Dimension/Labels…】，并设置 X、Y 各自的范围，如图 6-45(b) 所示。

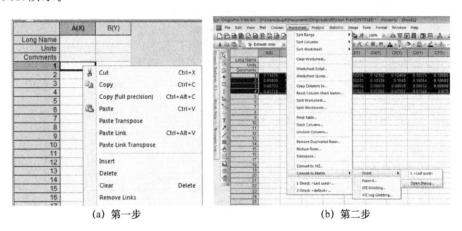

(a) 第一步　　　　　　　　　　　　　　　　(b) 第二步

图 6-44　修改表的格式并转化为矩阵

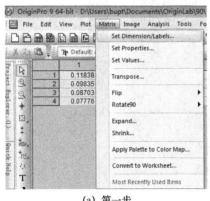

(a) 第一步　　　　　　　　　　　　　　　　(b) 第二步

图 6-45　设置矩阵行列的数据

点击【OK】后,点击【Plot】→【Contour】→【Color Fill】→【OK】,如图 6-46 所示。如图 6-47 所示对彩图颜色进行设计。最后得到的角度随频率变化的彩图如图 6-48 所示。

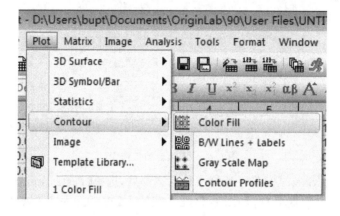

图 6-46　设置彩图格式

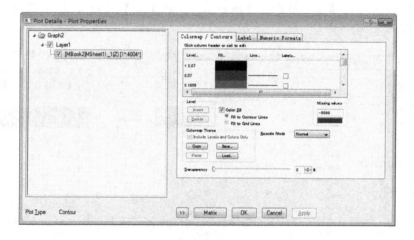

图 6-47　设置彩图颜色

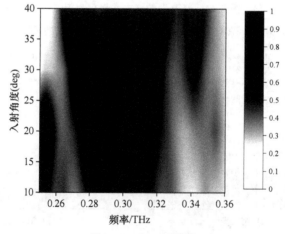

图 6-48　Origin 彩图

第7章 基于石墨烯的邻边开口方环 电磁诱导透明结构的 CST 仿真

图 7-1 给出了石墨烯邻边开口方环结构的模型图。具体参数为：周期 $L=6.25\ \mu m$，外正方形宽 $L_1=5.5\ \mu m$，内正方形宽 $L_2=3.3\ \mu m$，开口宽度 $w=0.7\ \mu m$，开口位置离中心的偏移量 $d=0.8\ \mu m$，石墨烯厚度 $h_1=1\ nm$。介质的相对介电常数和损耗角正切分别为 $\varepsilon_r=4.41$ 和 $\tan\delta=0.000\ 4$，厚度 $h_2=50\ nm$。

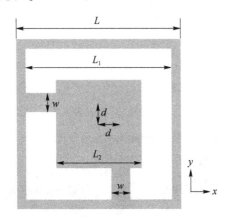

图 7-1 石墨烯邻边开口方环结构的模型图

7.1 运行并新建工程

7.1.1 新建工程

双击 CST 的快捷方式图标，启动软件。点击左上角的【Create Project】新建一个 CST 工程，如图 7-2 所示。接着选择【MW&RF&OPTICAL】模块下的【Periodic Structures】，点击【Next】。Workflow 使用默认设置【FSS, Metamaterial-Unit Cell】，点击【Next】并选择【Phase Reflection Diagram】。求解器选择频域求解器【Frequency Domain】。

图 7-2 建立新工程界面图

7.1.2 设置单位

在图 7-3 中,设置工程中的默认单位,本例依次选择 μm、THz、ns,点击【Finish】完成工程创建之后,会出现图 7-4 所示的工作窗口。

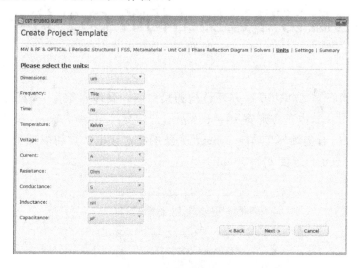

图 7-3　单位设置

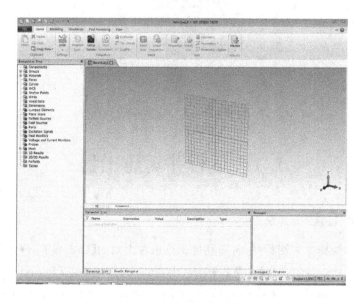

图 7-4　CST 的工作界面

7.2　模型的建立

要建立的模型结构有两层,一层为介质,另一层为石墨烯。首先建立介质层,点击 CST 最上方菜单中的【Modeling】选项卡,点击方块【Brick】后按【ESC】键,输入介质层的坐标,如图 7-5 所示。

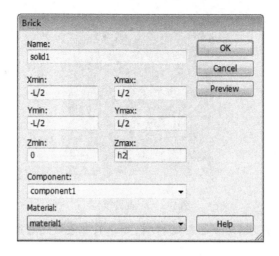

图 7-5　介质层的尺寸设置

在图 7-5 中选择【Material】下的【New Material】选项,将介质的介电常数和损耗角正切分别设置为 4.41 和 0.000 4,如图 7-6 所示。设置好后,点击图 7-5 所示对话框的【OK】,然后输入变量 L 和 h_2 的数值,如图 7-7 所示。最后得到的介质板模型如图 7-8 所示。

(a) 介电常数

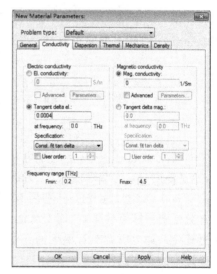

(b) 损耗角正切

图 7-6　设置介质材料的参数

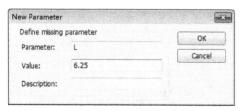

(a) 变量 L

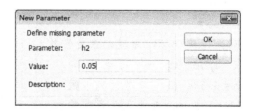

(b) 变量 h_2

图 7-7　给输入变量 L 和 h_2 进行赋值

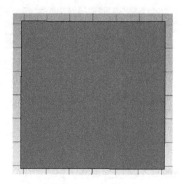

图 7-8　介质板模型

下面开始建立石墨烯层,对于石墨烯材料,其介电常数可先通过 Matlab 进行计算,然后导入 CST 的数据库中。

石墨烯的介电常数计算公式如下:

$$\varepsilon(\omega) = 1 + j\frac{\sigma}{h_1\omega\varepsilon_0} \tag{7-1}$$

石墨烯的电导率表达式为

$$\sigma(\omega) = j\frac{e^2 k_B T}{\pi\hbar^2(\omega+j\Gamma)}\left[\frac{E_F}{k_B T} + 2\ln(e^{-\frac{E_F}{k_B T}}+1)\right] + j\frac{e^2}{4\pi\hbar}\ln\left[\frac{2E_F-(\omega+j\Gamma)\hbar}{2E_F+(\omega+j\Gamma)\hbar}\right] \tag{7-2}$$

石墨烯电导率 $\sigma(\omega)$ 可用带间电导率 $\sigma_{\text{intra}}(\omega)$ 与带内电导率 $\sigma_{\text{inter}}(\omega)$ 之和表示,其表达式分别为

$$\sigma_{\text{intra}}(\omega) = j\frac{e^2 k_B T}{\pi\hbar^2(\omega+j\Gamma)}\left[\frac{E_F}{k_B T} + 2\ln(e^{-\frac{E_F}{k_B T}}+1)\right] \tag{7-3}$$

$$\sigma_{\text{inter}}(\omega) = j\frac{e^2}{4\pi\hbar}\ln\left[\frac{2E_F-(\omega+j\Gamma)\hbar}{2E_F+(\omega+j\Gamma)\hbar}\right] \tag{7-4}$$

在公式(7-1)至公式(7-4)中,e 是电子电量,ω 是角频率,$\hbar$ 为约化普朗克常数,k_B 为玻尔兹曼常数,T 是温度,E_F 为费米能级,Γ 为载流子散射率。仿真时取石墨烯的费米能级 $E_F = 0.5\ \text{eV}$,$T=300\ \text{K}$,$\Gamma=2.4\ \text{THz}$。利用 Matlab 可以计算出石墨烯的介电常数。由于石墨烯的介电常数受费米能级的影响,而费米能级是可以通过石墨烯的外加电压进行控制的,因此可以通过改变外加电压调节石墨烯的介电常数,实现对电磁诱导透明现象中透明窗的频率范围和透过率的动态控制。

其中,计算石墨烯介电常数的 Matlab 代码如下:

```
clc;
clear all;
close all;
KB = 1.38e - 23;  % 玻尔兹曼常数
E = 1.6e - 19;  % 电子电量
h = 6.63e - 34;  % 普朗克常数
hh = h/2/pi;  % 约化普朗克常数
T = 300;  % 温度
Ef = 0.5 * E;  % 费米能级
```

```
F = 2.4e12；% 载流子散射率
e0 = 8.85e - 12；% 真空中的介电常数
freq = 0.05e + 12:0.1e + 12:30e + 12；% 计算的频率范围
w = 2 * pi * freq；% 角频率
d = 1e - 9；% 石墨烯厚度为 1 nm
j = sqrt( - 1);
sigmaintra1 = j * E^2 * KB * T. /(pi * hh^2 * (w + j * F)) * (Ef/KB/T + 2 * log(exp( -
Ef/KB/T) + 1));
sigmainter1 = j * E^2. /(4 * pi * hh). * log((2 * Ef - (w + j * F) * hh). /(2 * Ef + (w
+ j * F) * hh));
sigma1 = sigmainter1 + sigmaintra1；% 石墨烯电导率
eps = j. * sigma1. /d. /w. /e0；% 石墨烯介电常数
R = real(eps)'；% 介电常数实部
M = imag(eps)'；% 介电常数虚部
Freq = freq/1e + 12；% 转换成太赫兹
Freq = Freq';
subplot(2,1,1);
plot(Freq,R)；%
xlabel('f(THz)');
ylabel('R');
hold on
subplot(2,1,2);
plot(Freq,M);
xlabel('f(THz)');
ylabel('M');
hold on;
```

在 Matlab 中画图得到石墨烯的介电常数的实部和虚部，如图 7-9 所示。

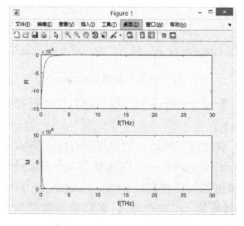

图 7-9 在 Matlab 中绘制的石墨烯的介电常数的实部和虚部曲线

将 Matlab 工作区的数据 Freq、R、M（即频率、介电常数的实部与虚部）打开，如图 7-10 所示。打开 Origin 软件，分别将 3 组数据复制到 Origin 软件中，第一列是频率（单位为 THz），第二列是实部，第三列是虚部，得到的 Origin 数据如图 7-11 所示。

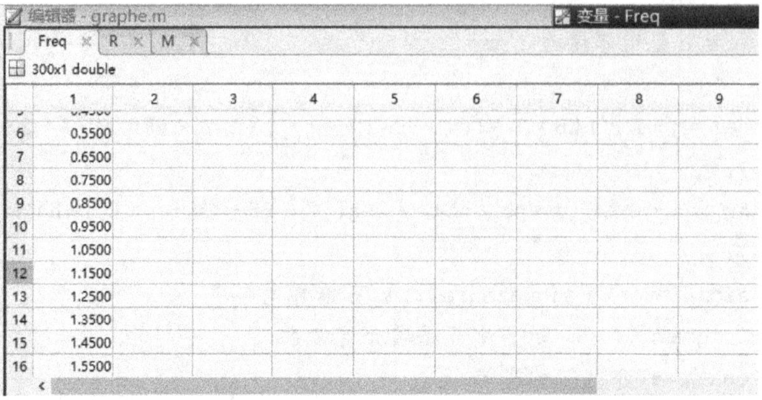

图 7-10　在 Matlab 中打开 Freq、R、M 3 组数据

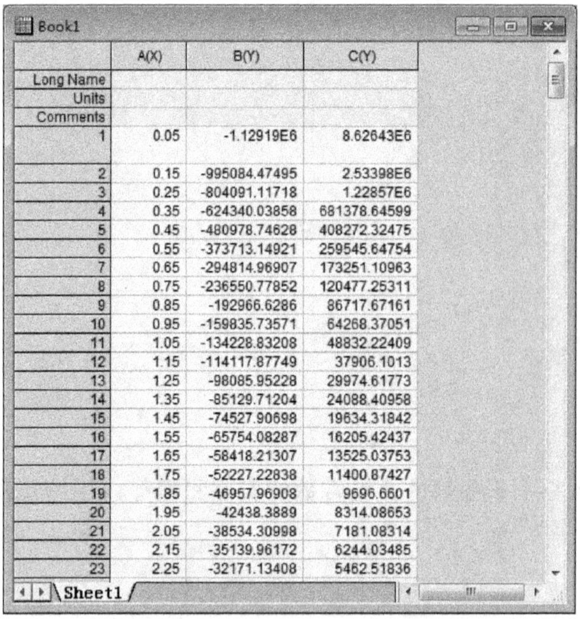

图 7-11　将数据复制到 Origin 中

在图 7-12 中，选择【File】→【Export】→【ASCII…】，这样可把 3 组数据导出为 txt 文件，txt 文件的名称为 ef＝0.5 eV。

如图 7-13 所示，在 CST 软件的左侧结构树中点击右键→【Materials】→【New Material…】，在弹出的窗口【New Material Parameters】中选择【Dispersion】后，点击左侧的【User】→【Dispersion List…】，在新弹出的对话框【Dielectric Dispersion Fit】中，如图 7-14 所示，点击【Load File…】把由 Origin 转换的 txt 文件导入，表格中的数据从左至右依次对应石墨烯的频率、介电常数的实部和虚部。接着点击【Apply】和【OK】，就可以将其命名为 graphene。

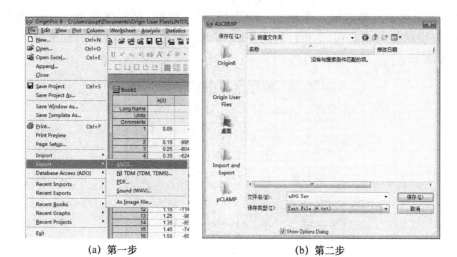

(a) 第一步　　　　　　　　　(b) 第二步

图 7-12　在 Origin 中导出 ASCII 数据并将其转化为 txt 格式

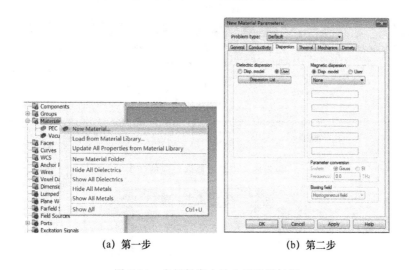

(a) 第一步　　　　　　　　　(b) 第二步

图 7-13　在材料库中导入石墨烯材料

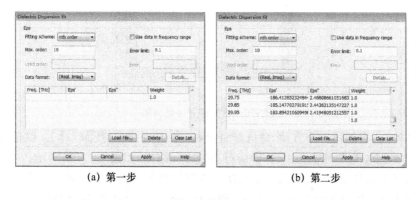

(a) 第一步　　　　　　　　　(b) 第二步

图 7-14　导入石墨烯材料后的结果

现在开始创建石墨烯层。先建立一个方块，输入坐标，材料选择 graphene，并给参数 L_1 和 h_1 分别赋值为 5.5 和 0.001，如图 7-15 所示。赋值完成后得到的石墨烯方块 solid2 如图 7-16 所示。

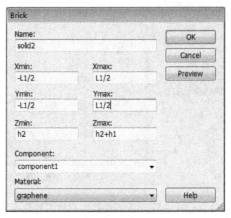

(a) 设置方块

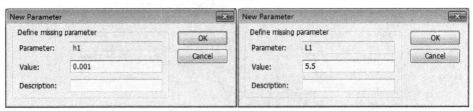

(b) h_1 赋值   (c) L_1 赋值

图 7-15　创建石墨烯对应的结构

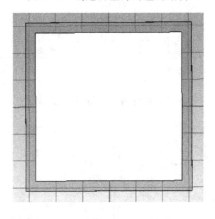

图 7-16　石墨烯方块结构图

在此基础上，再创建一个方块，输入变量坐标，如图 7-17(a)所示，对 L_2 赋值 3.3 后，得到方块 solid3，用 solid2 减去 solid3，得到石墨烯方环结构，如图 7-17(b)所示。

要得到邻边开口结构，其中的一个方法是在开口处创建两个小方块，将石墨烯方环减去这两个小方块就可以得到邻边开口结构。创建的两个小方块如图 7-18 所示，输入两个小方块的坐标，分别给变量 d 和 w 赋值为 0.8 和 0.7。最后得到的两个小方块的结果如图 7-19 所示，通过相减操作，就可以得到邻边开口的石墨烯结构，如图 7-20 所示。

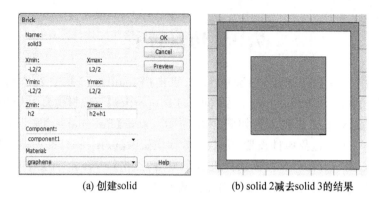

(a) 创建solid   (b) solid 2减去solid 3的结果

图 7-17   创建石墨烯方环结构

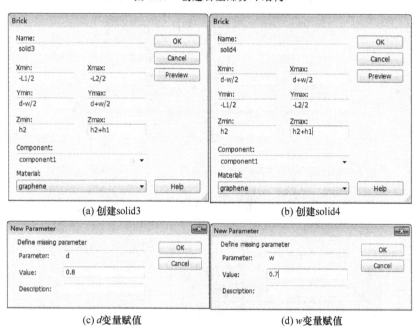

(a) 创建solid3   (b) 创建solid4

(c) d变量赋值   (d) w变量赋值

图 7-18   创建开口结构对应的小方块

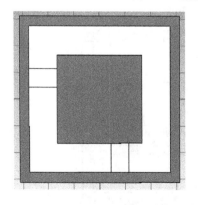 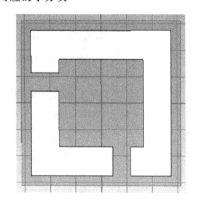

图 7-19   创建完成的开口结构对应的小方块   图 7-20   邻边开口的石墨烯结构

7.3 仿真过程

在模型建立后,在【Simulation】选项卡中,点击【Frequency】并输入仿真的频率范围 0.2～4.5 THz,如图 7-21 所示。然后在【Global Properties】下选择仿真时划分网格的类型【Hexahedral(legacy)】,点击【OK】,如图 7-22 所示。点击【Boundaries】来设置仿真的边界条件,如图 7-23 所示。边界条件设置为:X、Y 方向设置为【unit cell】,即周期边界条件,Z 方向设置为【open(add space)】。边界条件设置完成后,点击【Simulation】选项卡中的【Setup Solver】进行仿真,仿真完成后软件会自动保存数据结果。

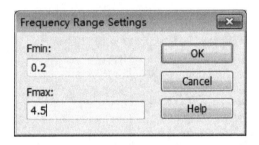

图 7-21　输入频率范围

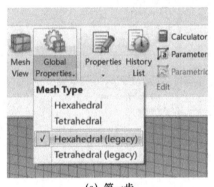

(a) 第一步

(b) 第二步

图 7-22　设置网格类型

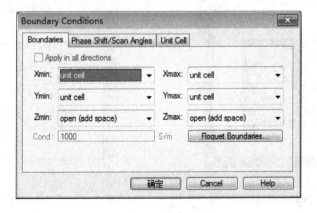

图 7-23　设置边界条件

　　采用石墨烯材料一般是为了利用其电压可调特性,不同电压对应不同介电常数的石墨烯,因此,在 CST 中,可将石墨烯材料设置不同介电常数进行仿真。若修改石墨烯材料,首先打开 Matlab 程序修改代码,如图 7-24 所示。改变 Ef 的值,则在 Matlab 中会得到不同的石墨烯介电常数。可以重复前面的导入石墨烯介电常数的操作,把对应的石墨烯介电常数导入 CST 的材料库中进行保存。

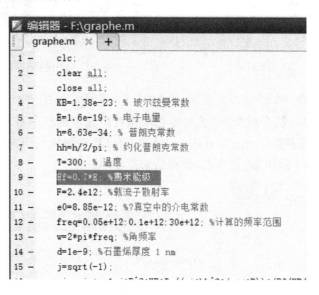

图 7-24　在 Matlab 中修改石墨烯的介电常数

　　具体导入过程:首先将 Matlab 得到的 Freq、R、M 数据复制到 Origin 软件中,将数据以 txt 文件的格式导出,从而可以得到 Ef=0.5 eV、Ef=0.7 eV、Ef=0.9 eV 时石墨烯的介电常数,如图 7-25 所示。

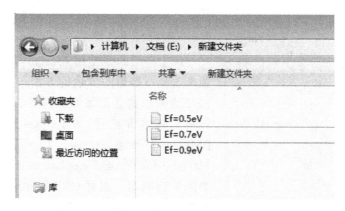

图 7-25　将不同化学势对应的石墨烯的介电常数导出为 txt 文件

　　在 CST 左侧的结构树中,点击右键→【Material】→【New Material…】,如图 7-26(a)所示。在弹出的窗口中选择【Dispersion】,点击左侧的【User】→【Dispersion List…】,之后分别导入不同 Ef 值的石墨烯材料,并分别命名为 gra(Ef=0.5 eV)、gra(Ef=0.7 eV)和 gra(Ef=0.9 eV),这样就得到了 3 种不同的石墨烯材料,如图 7-26(b)所示。

太赫兹电磁超材料功能器件的设计与实现 ⋯⋯⋯⋯●

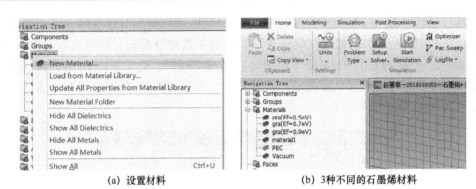

(a) 设置材料　　　　　　　　　(b) 3种不同的石墨烯材料

图 7-26　将不同化学势对应的石墨烯的介电常数导入 CST 材料库中

若需要改变石墨烯的介电常数,首先要在结构树中选中模型的石墨烯部分,如图 7-27 所示,然后点击右键选择【Change Material and Color…】,在弹出的小窗口中选择需要的石墨烯材料,选中后,点击【OK】进行仿真,保存结果待处理。

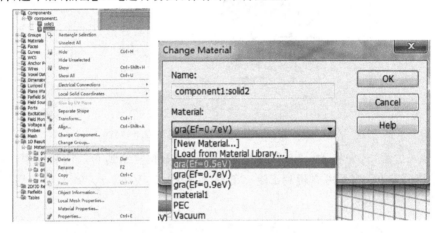

图 7-27　改变石墨烯的介电常数

以上介绍的是使用 Matlab 导入石墨烯介电常数来改变石墨烯的参数的方法。实际上,可以使用 CST 自带的建立石墨烯材料的方法来设置石墨烯材料。具体方法是:在【Home】选项卡中,选择【Macros】→【Materials】→【Creat Graphene Material for Optical Applications】。得到的对话框如图 7-28 所示。根据 CST 软件用于计算石墨烯介电常数的公式,输入对应的参量即可。设置完成后,则在材料库中会生成一个对应材料名称为 Graphene 的新材料。

图 7-29 给出了采用两种方法设置石墨烯材料后得到邻边开口方环结构的传输曲线。对同一种材料来说,TM 极化波、TE 极化波完全重合,则说明该结构具有极化不敏感特性。但是,当采用的石墨烯

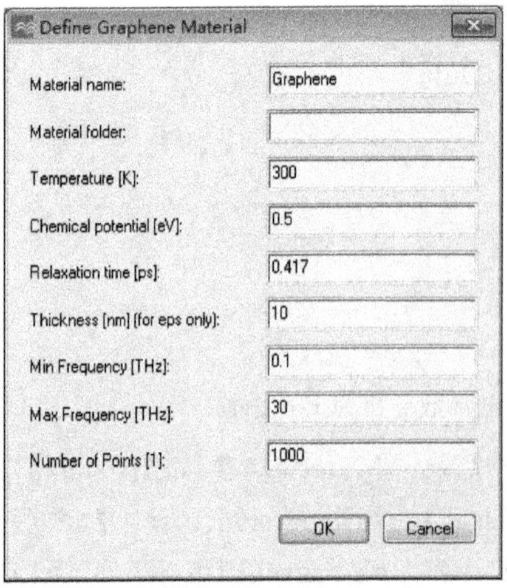

图 7-28　利用 CST 自带的石墨烯库设置石墨烯介电常数

材料不同时,两种结果在传输中心频率上变化不大,但在传输幅度上存在较大的差异,主要原因是两种方法采用的计算石墨烯介电常数的公式不同。若与 CST 中自带的石墨烯材料一致,则在 Matlab 中也采用相同的计算公式。图 7-30 给出了采用 Matlab 计算得到的不同化学势下石墨烯材料的变化对传输曲线的影响。可见随着化学势的增大,传输曲线整体往高频方向偏移,从而实现了可调的电磁诱导透明现象。

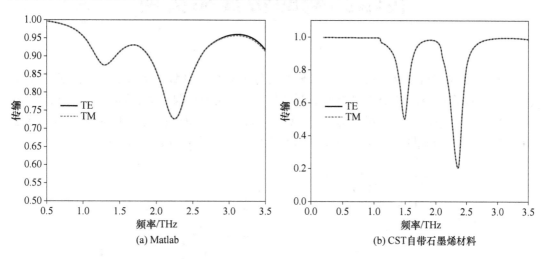

(a) Matlab (b) CST自带石墨烯材料

图 7-29 采用 Matlab 和 CST 自带石墨烯材料方法对应的传输曲线

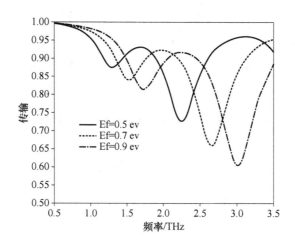

图 7-30 Ef 分别为 0.5 eV、0.7 eV、
0.9 eV 时对传输曲线的影响

第8章 双开口矩形环非对称 传输结构的仿真和实现

图 8-1 给出了所设计的双开口矩形环非对称传输结构周期单元的正面和背面示意图。它是在介质的两侧做了双开口的矩形金属环结构。它的具体尺寸为:结构周期 $P=125~\mu m$,介质厚度 $d=20~\mu m$,金属层材料为铝,厚度 $t=0.2~\mu m$,金属外侧边长 $L=106.5~\mu m$,宽度 $w=17.5~\mu m$,开口长度 $g=32.5~\mu m$,开口位置距离中心的偏移量 $s=10~\mu m$。

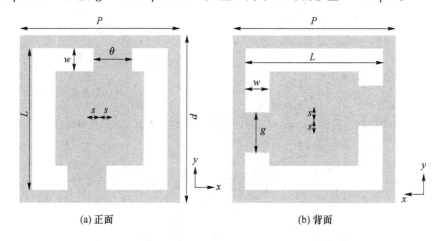

(a) 正面   (b) 背面

图 8-1 非对称传输结构周期单元的正面和背面结构图

8.1 运行并新建工程

8.1.1 新建工程

双击 CST 的快捷图标 ,启动软件。点击左上角的【Create Project】新建一个 CST 工程,如图 8-2 所示。

图 8-2 新建工程

选择【MW&RF&OPTICAL】模块下的【Periodic Structures】,点击【Next】。Workflow 使用默认设置【FSS, Metamaterial-Unit Cell】,点击【Next】并选择【Phase Reflection Diagram】。接着求解器选择频域求解器【Frequency Domain】。

8.1.2　设置单位

设置工程中的默认单位,如图 8-3 所示。本例依次选择 um、THz、ns。选择求解的频率区域,点击【Finish】完成工程创建。

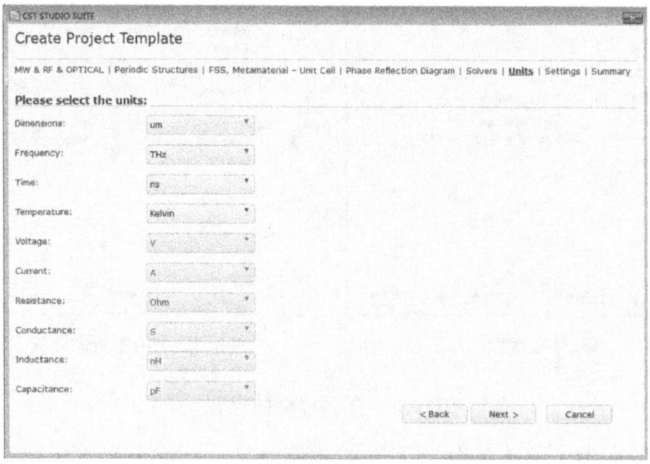

图 8-3　设置单位

8.2　建立模型

首先创建介质层,点击【Brick】,按下【Esc】键后,输入坐标变量,然后选择【New Material…】,如图 8-4 所示。

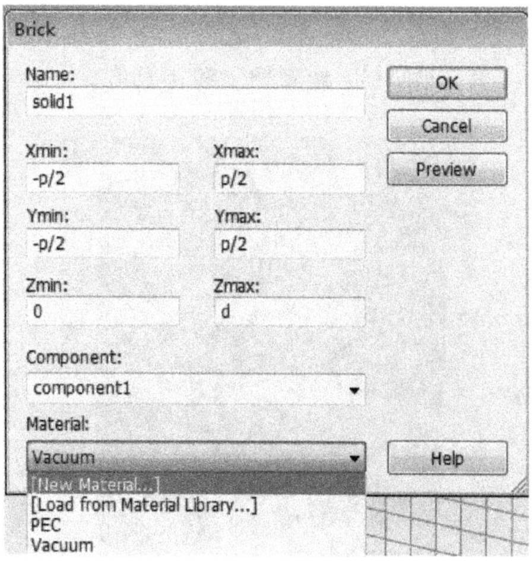

图 8-4　输入坐标变量

介质材料设置为聚酰亚胺,名称为 material1,其介电常数为 3,损耗角正切值为 0.008,介质材料的设置如图 8-5 所示。

(a) 介电常数   (b) 损耗角正切

图 8-5　介质材料的设置

材料设置完成,点击图 8-4 的【OK】后,给变量 p 和 d 分别赋值为 125 和 20,如图 8-6 所示。赋值完成后,得到的介质模型如图 8-7 所示。

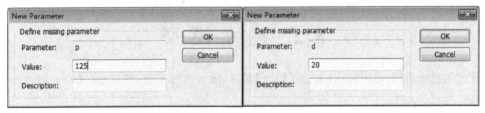

(a) p 赋值   (b) d 赋值

图 8-6　给变量 p 和 d 赋值

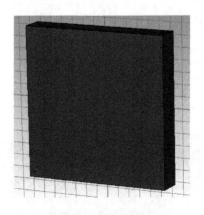

图 8-7　介质模型

接下来建立金属层部分,点击【Brick】,按下【Esc】键后输入坐标变量,然后选择【Load from Material Library …】,如图 8-8 所示。在弹出的对话框中选择 CST 自带的铝材料【Aluminum】,材料类型为【Lossy metal】。材料设置完成后,点击【OK】得到变量赋值的对话框,如图 8-9 所示,设置 L 和 t 的值分别为 106.5 和 0.2。赋值完成后得到的金属铝方块 solid2 如图 8-10 所示。

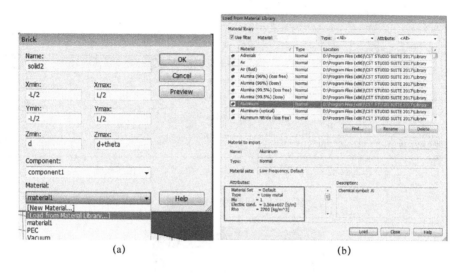

(a)   (b)

图 8-8   创建金属层

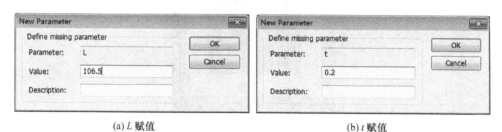

(a) L 赋值   (b) t 赋值

图 8-9   给变量 L 和 t 赋值

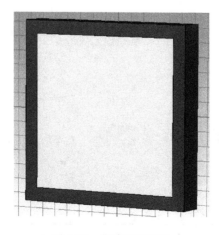

图 8-10   创建的铝方块

接着创建另一个铝方块 solid3，输入坐标变量，如图 8-11(a)所示，并给变量 w 赋值为 17.5，如图 8-11(b)所示。将 solid2 减去 solid3 后得到的新铝环结构如图 8-12 所示。

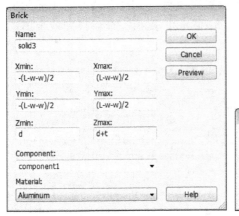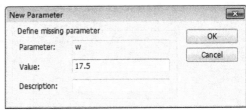

(a) 创建solid3   (b) w赋值

图 8-11　创建铝方块 solid3

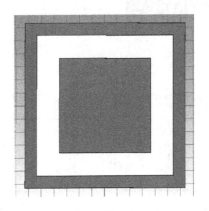

图 8-12　创建的铝环结构

为得到开口环，先建立一个小方块，输入坐标变量，如图 8-13 所示。设置变量 s 和 g 的值分别为 10 和 32.5，如图 8-14 所示。最后得到小方块 solid3，如图 8-15 所示。

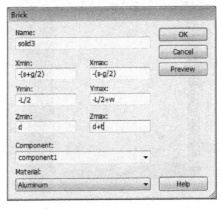

图 8-13　创建开口矩形

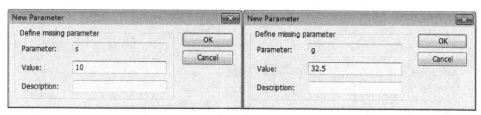

(a) s 赋值　　　　　　　　　(b) g 赋值

图 8-14　给变量 s 和 g 赋值

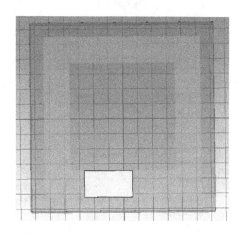

图 8-15　创建的开口矩形结构

选择新得到的矩形方块 solid3,对其进行旋转操作,如图 8-16 所示,注意勾选【Copy】一栏。旋转之后,则会在结构的右上角生成另一个开口矩形结构。用 solid2 减去这两个矩形小方块,便得到了开口矩形结构,如图 8-17 所示。

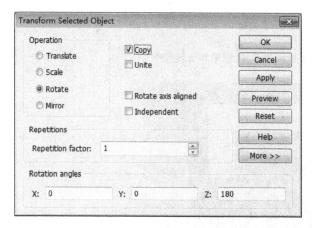

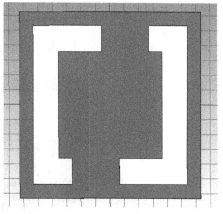

图 8-16　对创建的开口矩形结构进行旋转操作　　　图 8-17　开口矩形结构

背面金属结构是由正面金属结构镜像、旋转得到的,因此不需要重新建立。首先让正面金属结构做平移操作,如图 8-18 所示。平移完成后,让平移得到的结构关于 y 轴镜像,再让镜像后的结构绕着 z 轴旋转 90°。最后得到的金属结构图的背面如图 8-19 所示。此时整个建模过程就完成了。

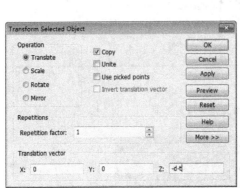

(a) 平移　　　　　　　　　　　　　　(b) 镜像

(c) 旋转

图 8-18　正面金属结构的平移、镜像和旋转操作

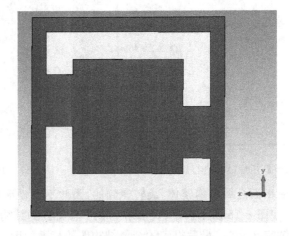

图 8-19　模型背面结构

8.3　仿 真 过 程

8.3.1　设置频率范围

在【Simulation】选项卡中,点击【Frequency】,设置仿真的频率范围为 0.2~2 THz,如图 8-20 所示。

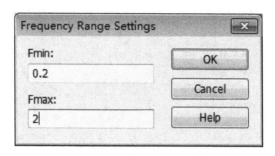

图 8-20　设置频率范围

8.3.2　设置边界条件

在【Simulation】选项卡中,点击【Boundaries】设置仿真的边界条件。由于结构是在 x 方向和 y 方向上周期性排列的,所以在边界条件里设置 x、y 均为【unit cell】,z 方向加空气盒子,即设置为【open(add space)】,如图 8-21 所示。

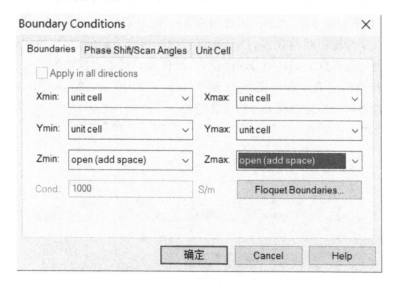

图 8-21　边界条件的设置

8.3.3　开始仿真

点击【Setup Solver】→【Start】,进入模型的仿真过程,如图 8-22 所示。

图 8-22　模型的仿真启动

8.3.4　参数扫描

在仿真时,可以通过扫描参数来分析各个变量对结构性能的影响。例如,对介质厚度 d 进行参数扫描。在初始变量仿真结束后,首先点击【Simulation】→【Solver】→【Par. Sweep】按钮,得到的对话框如图 8-23 所示。通过扫描 $d=10~\mu m$、$20~\mu m$ 和 $30~\mu m$ 的值来观察传输曲线的变化。关于传输曲线的设置,可以在该对话框中点击【Result Template…】按钮后,在弹出的对话框中选择【General 1D】进行设置,设置完成后点击【OK】,点击【Start】按钮后开始进行参数扫描的仿真工作。图 8-24 给出了当 d 为 $10~\mu m$、$20~\mu m$ 和 $30~\mu m$ 时,采用 Origin 画图软件得到的传输曲线 txx 的变化趋势。

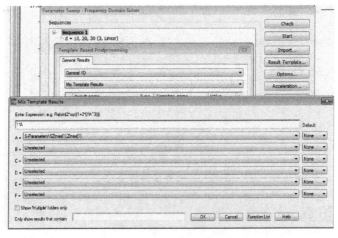

图 8-23　变量 d 的参数扫描和查看结果设置

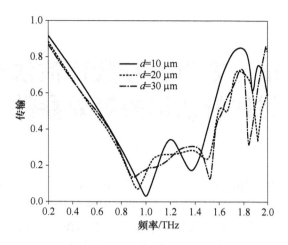

图 8-24　d 对 txx 传输曲线的影响

第9章 采用 S 参数反演法提取超材料结构的等效参数

本章主要介绍了如何使用电磁仿真软件 CST Microwave Studio 仿真超材料吸波器,并介绍了利用 S 参数反演法求解其等效折射率和相对阻抗等参量的方法。

对于超材料而言,其周期单元的几何尺寸远小于工作频率所对应的波长,因此,在分析结构的电磁特性时,可以将其视为一个整体,忽略结构内部不同部分之间的相互作用。同时,超材料结构大多采用对称设计,因而可以使用一块均匀的介质平板来进行等效[1]。利用等效模型的传输矩阵和 S 参数求解超材料结构等效折射率 n 和相对阻抗 z 的过程,就称为 S 参数反演法[2-3]。均匀介质平板的传输矩阵可以表示为

$$\boldsymbol{T} = \begin{pmatrix} \cos(nkd) & -\dfrac{z}{k}\sin(nkd) \\[2mm] \dfrac{k}{z}\sin(nkd) & \cos(nkd) \end{pmatrix} \tag{9-1}$$

其中 k 是波数,d 是吸波器的厚度。结构的 S 参数和传输矩阵 $\boldsymbol{T}$ 满足下列方程:

$$S_{11} = S_{22} = \frac{\dfrac{1}{2}\left(\dfrac{T_{21}}{jk} - jkT_{12}\right)}{T_{11} + \dfrac{1}{2}\left(jkT_{12} + \dfrac{T_{21}}{jk}\right)} = \frac{j}{2}\left(\frac{1}{z} - z\right)\sin(nkd) \tag{9-2}$$

$$S_{21} = S_{12} = \frac{1}{T_{11} + \dfrac{1}{2}\left(jkT_{12} + \dfrac{T_{21}}{jk}\right)} = \frac{1}{\cos(nkd) - \dfrac{j}{2}\left(z + \dfrac{1}{z}\right)\sin(nkd)} \tag{9-3}$$

利用公式(9-2)和公式(9-3)可以得到等效折射率 n 和相对阻抗 z 的表达式

$$z = \pm\sqrt{\frac{(1+S_{11})^2 - S_{21}^2}{(1-S_{11})^2 - S_{21}^2}} \tag{9-4}$$

$$n = \pm\frac{1}{kd}\arccos\left[\frac{1}{2S_{21}}(1 - S_{11}^2 + S_{21}^2)\right] \tag{9-5}$$

公式(9-4)和公式(9-5)中的符号分别需要满足条件

$$\mathrm{Re}\,z \geqslant 0, \quad \mathrm{Im}\,n \geqslant 0 \tag{9-6}$$

此外,结构的等效介电常数以及等效磁导率可由公式(9-7)得到:

$$\varepsilon_{\mathrm{eff}} = \frac{n}{z}, \mu_{\mathrm{eff}} = nz \tag{9-7}$$

9.1 超材料结构的模型参数

图 9-1 为仿真所使用的超材料吸波器的结构单元示意图。该结构由两部分组成,中间

的立方体是介电常数 $\varepsilon_r = 4.9$，损耗角正切 $\tan\delta = 0.025$ 的 FR4 介质块，立方体的每个面上都有相同的金属图案，材料为铜，电导率 $\sigma = 5.8 \times 10^7$ S/m。金属条的宽度为 0.2 mm，厚度为 0.015 mm。其他的几何尺寸为：$a = 3.5$ mm，$b_1 = 3$ mm，$b_2 = 1.8$ mm，$l = 0.4$ mm，$c = 0.6$ mm，$d = 0.05$ mm。该结构可以在 15.1 GHz 处实现约 99.2% 的近完美吸收效果，下面介绍使用 CST 软件建模并仿真该结构的主要流程。

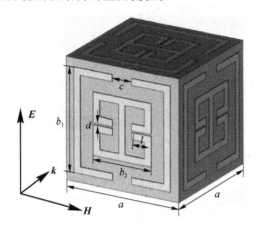

图 9-1 仿真所使用的超材料吸波器的结构单元示意图[4]

9.2 运行并新建工程

9.2.1 新建工程

双击 CST 的快捷方式图标 🅂，启动软件，打开 CST 界面，如图 9-2 所示。点击左上角的【Create Project】新建一个 CST 工程。

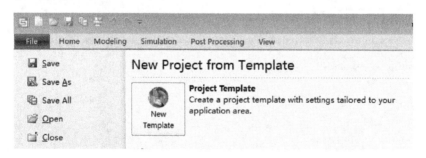

图 9-2 新建工程界面图

接着在如图 9-3 所示的对话框中选择【MW&RF&OPTICAL】模块下的【Periodic Structures】，点击【Next】后，在 Workflow 中使用默认设置【FSS，Metamaterial-Unit Cell】，然后点击【Next】并选择【Phase Reflection Diagram】，点击【Next】，求解器选择频域求解器【Frequency Domain】。

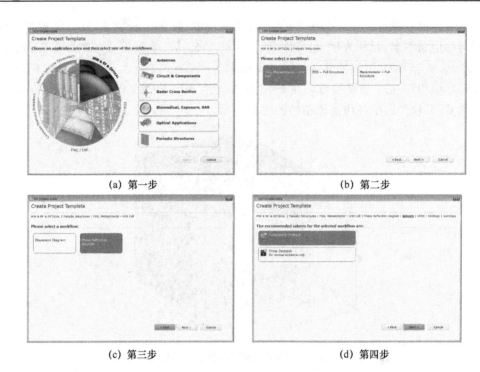

(a) 第一步   (b) 第二步

(c) 第三步   (d) 第四步

图 9-3　新建工程过程图

9.2.2　设置单位

在打开选择的频域求解器【Frequency Domain】后,得到如图 9-4 所示的对话框中来设置工程中的默认单位,本例依次选择 mm、GHz、ns。连续点击两次【Next】后,点击【Finish】完成工程创建,得到的新建 CST 工程界面如图 9-5 所示。

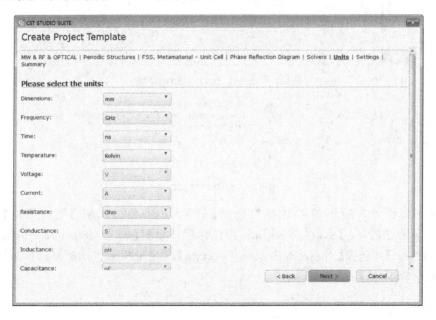

图 9-4　选择单位

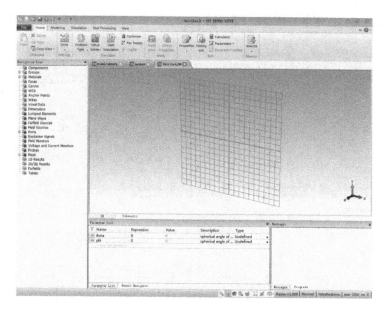

图 9-5　新建 CST 工程界面

9.3　模型的建立

吸波器是由中央的介质立方体和表面的金属图案组成的。首先进行立方体的建模工作,点击最上方菜单中的【Modeling】选项卡,并点击方块【Brick】,按下【Esc】键,弹出如图 9-6 所示的菜单。根据图 9-1 中标注的尺寸,将立方体的长、宽、高都设置为 a,同时选择【Material】下的【New Material】选项,进行 FR4 介质材料的设置。如图 9-7 所示,在【General】选项中将 FR4 的相对介电常数设置为 4.9,材料类型选择【Normal】,在【Conductivity】选项卡中将 FR4 的损耗角正切值设置为 0.025。设置好后,点击图 9-7(b)所示对话框中的【OK】,然后输入变量 a 的数值,如图 9-8 所示。最后创建好的介质立方体模型如图 9-9 所示。

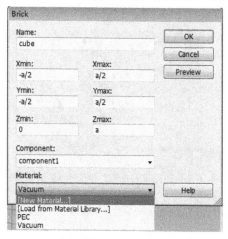

图 9-6　介质立方体的尺寸设置

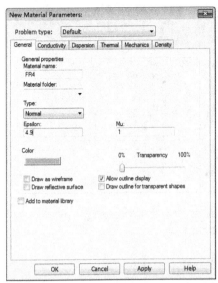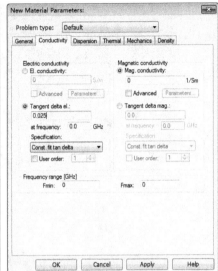

(a) 介电常数　　　　　　　　　　(b) 损耗角正切值

图 9-7　设置 FR4 介质材料的参数

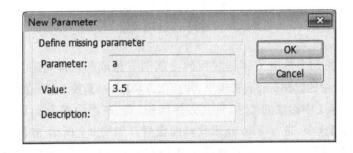

图 9-8　给变量 a 赋值

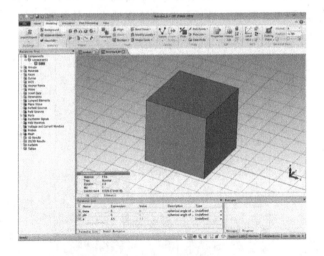

图 9-9　介质立方体模型

下面开始创建金属图案,首先建立 3 个长方体,输入坐标变量,分别如图 9-10(a)至图 9-10(c)所示。选择【Material】下的【New Material …】选项,将新材料命名为 Cu(铜),材料类型选择【Lossy metal】并在【Electric conductivity】中将铜的电导率设置为 5.8×10^7 S/m,如图 9-11 所示。点击图 9-11 所示对话框中的【OK】,然后输入变量 b_1、t_m、w 和 c 的数值,如图 9-12 所示。最后创建好的 3 个金属长方体如图 9-13 所示。

(a) solid1　　　　　　　　　　　(b) solid2　　　　　　　　　　　(c) solid3

图 9-10　建立 3 个金属长方体

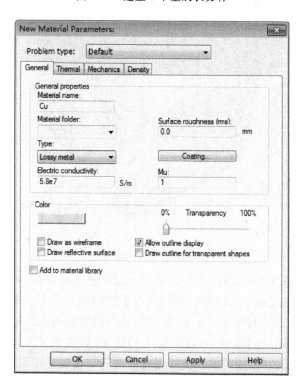

图 9-11　设置铜的参数

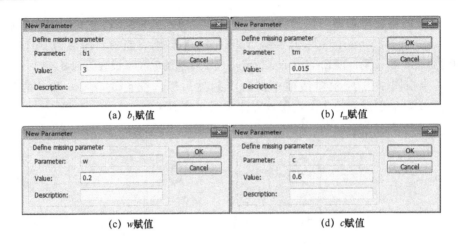

(a) b_1赋值   (b) t_m赋值

(c) w赋值   (d) c赋值

图 9-12   给变量 b_1、t_m、w 和 c 赋值

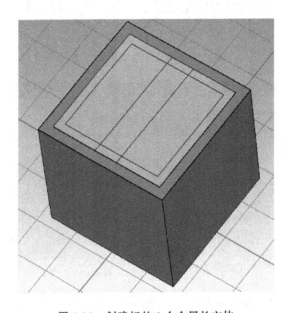

图 9-13   创建好的 3 个金属长方体

在图 9-14 所示对话框的左侧【Navigation Tree】中选中长方体 solid2 和 solid3，并点击【Modeling】选项卡，点击【Boolean】菜单中的【Add】选项，将两个长方体合并为一个结构，新结构被自动命名为 solid2。接下来在如图 9-15 所示对话框的左侧【Navigation Tree】中选中长方体 solid1，点击【Boolean】菜单中的【Subtract】选项，再选中长方体 solid2，按下【Enter】键，这样就实现了两个长方体的相减。最终创建好的开口金属环图案如图 9-16 所示。

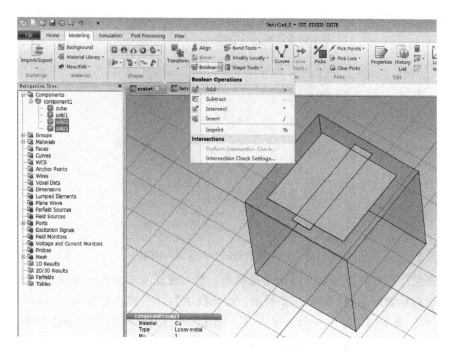

图 9-14　合并长方体 solid2 和 solid3

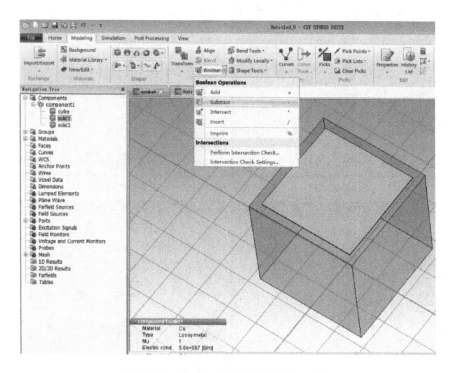

图 9-15　长方体 solid1 减去长方体 solid2

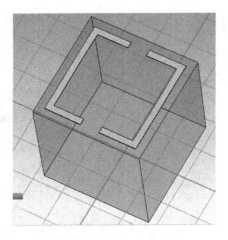

图 9-16　创建好的开口金属环图案

接下来使用同样的方法建立内部金属图案。首先建立 4 个金属长方体,输入坐标变量,材料选择之前设置好的铜,如图 9-17 所示。点击【OK】,然后输入变量 b_2、d 和 l 的数值,如图 9-18 所示。选中创建好的 4 个长方体,并点击【Boolean】菜单中的【Add】选项,将它们合并为一个结构,4 个长方体合并后的图形如图 9-19 所示。

Brick	
Name:	
solid2	OK
	Cancel
Xmin: Xmax:	Preview
-b2/2 -w/2	
Ymin: Ymax:	
-d/2 d/2	
Zmin: Zmax:	
a a+tm	
Component:	
component1	
Material:	
Cu	Help

(a) solid2

Brick	
Name:	
solid3	OK
	Cancel
Xmin: Xmax:	Preview
-b2/2+l+w -w/2	
Ymin: Ymax:	
-b2/2+w b2/2-w	
Zmin: Zmax:	
a a+tm	
Component:	
component1	
Material:	
Cu	Help

(b) solid3

Brick	
Name:	
solid4	OK
	Cancel
Xmin: Xmax:	Preview
-b2/b2+w -w/2	
Ymin: Ymax:	
d/2+w b2/2-w	
Zmin: Zmax:	
a a+tm	
Component:	
component1	
Material:	
Cu	Help

(c) solid4

Brick	
Name:	
solid5	OK
	Cancel
Xmin: Xmax:	Preview
-b2/2+w -w/2	
Ymin: Ymax:	
-b2/2+w -d/2-w	
Zmin: Zmax:	
a a+tm	
Component:	
component1	
Material:	
Cu	Help

(d) solid5

图 9-17　建立 4 个金属长方体

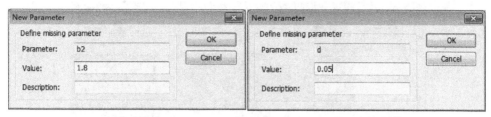

(a) b_2赋值   (b) d赋值

(c) l赋值

图 9-18　给变量 b_2、d 和 l 赋值

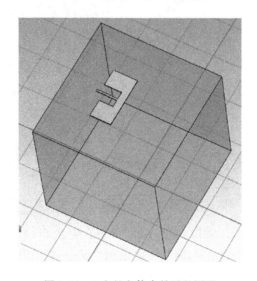

图 9-19　4 个长方体合并后的图形

　　选中该图形,并点击【Modeling】选项卡,点击【Transform】菜单中的【Mirror…】选项,进行镜像复制,如图 9-20 所示。按图 9-21 中的参数设置参考面,注意勾选【Copy】选项,完成后的总体图形如图 9-22 所示。

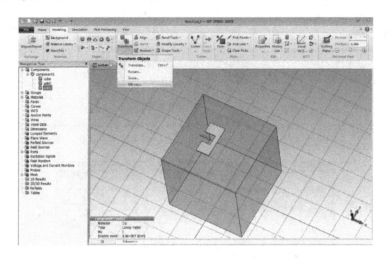

图 9-20　对创建好的图形进行镜像复制

图 9-21　镜像复制的参数设置

图 9-22　镜像复制完成后的总体图形

再建立一个金属长方体,坐标如图 9-23 所示。完成后选中新建立的长方体,点击【Boolean】菜单中的【Subtract】选项,再选中之前创立的金属图案,按下【Enter】键,这样立方体一个表面上的金属图案就创建完成了,如图 9-24 所示。

图 9-23　建立金属长方体

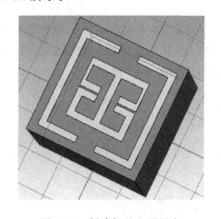

图 9-24　创建好的金属图案

介质立方体其他面上的金属图案可以通过旋转变换得到。选中构建好的金属图案,点击【Transform】菜单中的【Rotate】选项,注意勾选【Copy】选项,设置好旋转角度及旋转轴心后,点击【OK】即可将图案复制并旋转到立方体的另一个面上,如图 9-25 所示。重复上述操作,最终完成的模型效果如图 9-26 所示。

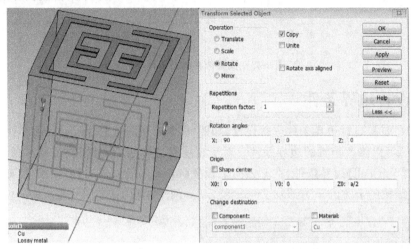

图 9-25　对金属图案进行复制、旋转

图 9-26　建模完成效果示意图

9.4　模型的仿真分析

9.4.1　设置频率范围

如图 9-27 所示,在【Simulation】选项卡中点击【Frequency】后,可以对仿真的频率范围进行设置。在本例中,求解的频率范围为 14～17 GHz。

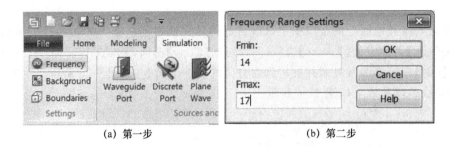

(a) 第一步　　　　　　　　　　　　(b) 第二步

图 9-27　设置仿真的频率范围

9.4.2　设置边界条件

在仿真之前需要对边界条件进行设置,如图 9-28 所示。在【Simulation】选项卡中,点击【Boundaries】可以修改仿真的边界条件。对于超材料这样的周期性结构,通常在 x 方向和 y 方向上设置【unit cell】边界条件,在 z 方向上设置【open(add space)】边界条件,软件会自动沿 z 方向在结构的上方和下方添加 Zmax 和 Zmin 两个端口。

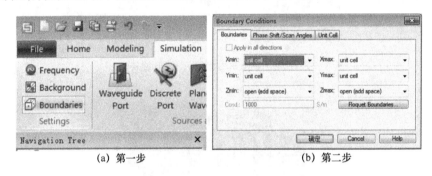

(a) 第一步　　　　　　　　　　　　(b) 第二步

图 9-28　设置边界条件

9.4.3　设置求解器

点击【Simulation】选项卡中的【Setup Solver】,得到的对话框如图 9-29 所示。在【Source type】中可以选择需要的激励源,这里选择【All＋Floquet】,同时勾选【Adaptive tetrahedral mesh refinement】开启自适应网格加密,点击【Start】开始仿真计算。

计算结束后,如图 9-30 所示,在左侧结构树【1D Results】中可以查看 S 参数,其中【SZmax(1),Zmax(1)】代表模式 1 下从 Zmax 端口入射,从 Zmax 端口出射的 S 参数,即 S_{11}。在上方的【1D Plot】选项卡中可以选择数据的显示方式,查看实部、虚部和相位等信息。

要得到该结构的吸收曲线,需要对结果进行处理。如图 9-31 所示,点击【Simulation】选项卡中的【Par. Sweep】,在弹出的窗口右侧点击【Result Template … 】,然后依次选择【General 1D】和【Mix Template Results】。在空白处输入公式 $1-abs(A)^2-abs(B)^2$,其中 A、B 分别为 S_{11} 和 S_{21},点击【OK】,然后在上一级菜单中点击【Evaluate】,计算出的吸收曲线即可在左侧结构树【Tables】中找到,如图 9-32 所示。

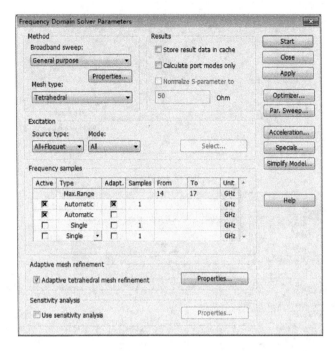

图 9-29　设置求解器

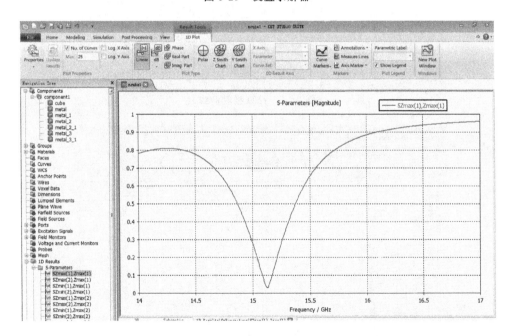

图 9-30　查看 S 参数

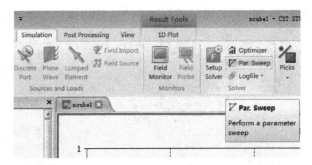

(a) Par. Sweep选项卡

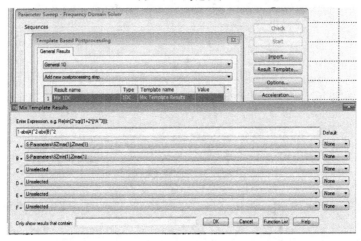

(b) 吸收曲线设计

图 9-31　计算吸收曲线

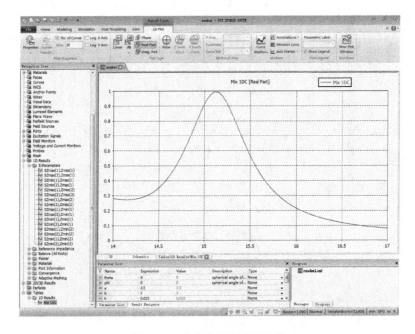

图 9-32　吸收曲线的计算结果

9.5　S 参数反演法

利用仿真中得到的 S 参数和公式(9-4)、公式(9-5),可以计算出吸波器结构的相对阻抗和等效折射率,继而能够使用阻抗匹配理论对吸波机理进行分析。为便于后续处理,首先将仿真结果中 S 参数的数值导出为 txt 文件。以模式 1 下的 S_{11} 为例,如图 9-33 所示,首先在【1D Results】中的【S-Parameters】中选择【SZmax(1),Zmax(1)】,然后点击【1D Plot】选项卡中的【Real Part】查看 S_{11} 的实部。接着在【Post Processing】选项卡中点击【Import/Export】,选择【Plot Data(ASCII) …】,填写文件名,这样 S_{11} 的实部数据就被保存为 txt 文件了。重复以上步骤,将模式 1 下 S_{11} 的虚部,S_{21} 的实部、虚部分别保存为不同的文本文件。

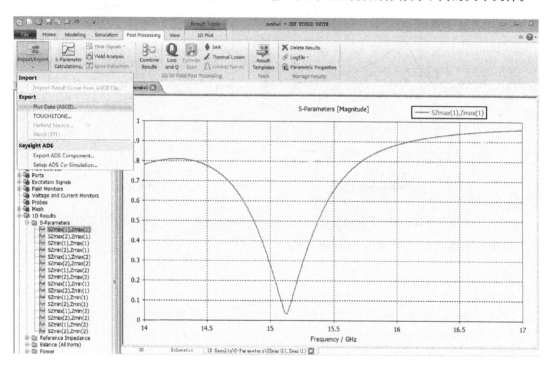

图 9-33　将计算得到的 S 参数导出并保存为 txt 文件

使用数学软件 Matlab 对提取出的数据进行处理,借助 S 参数反演法可以获得该结构的相对阻抗、等效折射率、等效介电常数和等效磁导率。其中 Matlab 程序已给出,供参考。图 9-34 给出了利用该 Matlab 程序和已导出的 S 参数得到的结构的相对阻抗、等效折射率、等效介电常数和等效磁导率。可以明显地看出,在吸收峰所在的 15.1 GHz 处,相对阻抗的实部 real(z) 趋近于 1,虚部 imag(z) 趋近于 0,此时吸波器的特性阻抗与自由空间阻抗近似相等,实现了阻抗匹配,吸波器表面对入射波的反射大幅降低,从而实现了吸收的最大化。

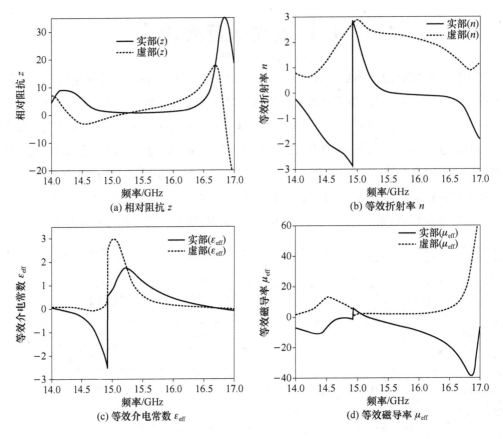

图 9-34　使用 S 参数反演法得到的相对阻抗 z、等效折射率 n、等效介电常数 $\varepsilon_{\mathrm{eff}}$ 和等效磁导率 μ_{eff}

实现 S 参数反演法的 Matlab 程序代码：

```
clc;
clear;
S11R = importdata('real11.txt');
S11I = importdata('imag11.txt');
S21R = importdata('real21.txt');
S21I = importdata('imag21.txt');
real11 = S11R.data;
imag11 = S11I.data;
real21 = S21R.data;
imag21 = S21I.data;
N = 1001;
d = 3.5e-3;
c = 3e8;
for i = 1:N
f(i) = real11(i,1);
s11(i) = real11(i,2) + j * imag11(i,2);
```

```
s21(i) = real21(i,2) + j * imag21(i,2);
end
for i = 1:N
z1(i) = sqrt(((1 + s11(i))^2 - s21(i)^2)/((1 - s11(i))^2 - s21(i)^2));
if real(z1(i))> 0
z(i) = z1(i);
else
z(i) = - z1(i);
end
kd(i) = d * 2 * pi * f(i) * 1e9/c;
n1(i) = acos((1 - s11(i)^2 + s21(i)^2)/2/s21(i))/kd(i);
if imag(n1(i))> 0
n(i) = n1(i);
else
n(i) = - n1(i);
end
e(i) = n(i)/z(i);
miu(i) = n(i) * z(i);
end
figure
plot(f,real(z));holdon;plot(f,imag(z),':r');
figure
plot(f,real(n));holdon;plot(f,imag(n),':r');
figure
plot(f,real(e));holdon;plot(f,imag(e),':r');
figure
plot(f,real(miu));holdon;plot(f,imag(miu),':r');
```

本章参考文献

[1] Smith D R, Pendry J B. Homogenization of metamaterials by field averaging [J]. JOSA B,2006,23(3): 391-403.

[2] Smith D R, Vier D C, Koschny T, et al. Electromagnetic parameter retrieval from inhomogeneous metamaterials [J]. Physical Review E,2005,71(3): 036617.

[3] Chen X D, Grzegorczyk T M, Wu B I, et al. Robust method to retrieve the constitutive effective parameters of metamaterials [J]. Physical Review E,2004,70(1): 016608.

[4] Wang J F, Qu S B, Xu Z, et al. A polarization-dependent wide-angle three-dimensional metamaterial absorber [J]. Journal of Magnetism and Magnetic Materials,2009,321(18): 2805-2809.

第10章 一维周期结构色散曲线的仿真流程

10.1 模 型 结 构

本章以 CST 自带示例演示了如何在 CST MWS 中获取周期性结构的色散图。该结构模型可在 CST 软件的示例中找到,其路径为 C:\Program Files(x86)\CST STUDIO SUITE 2015\Examples\MWS\Eigenmode\TET\Slow Wave\helix.CST。

图 10-1 给出了从 CST 导出的慢波螺旋线结构,它主要是由内导体、外导体和电介质支架三部分构成的。

图 10-1　慢波螺旋线结构

10.2 边界条件和背景材料的设置

下面给出色散曲线的求解过程。首先设置结构的频率范围为 0~20 GHz,并设置结构背景的材料类型为 Normal ,如图 10-2 所示。

在界面左边的【Navigation Tree】中,选中真空目标后,右击并选择【Local Mesh Properties】,具体的网格设置如图 10-3 所示。选中内导体,右击并选择【Local Mesh Properties】,具体的网格设置如图 10-4 所示。对于真空部分,由于两个入口与坐标轴是不平行的,因此禁用 Automesh 选项,而对于其他部分,如内外导体和支架,可以启用 Automesh 选项。

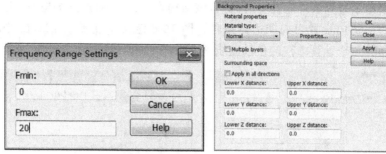

(a) 频率范围　　　　　　　　　　(b) 背景材料

图 10-2　设置频率的范围和背景材料

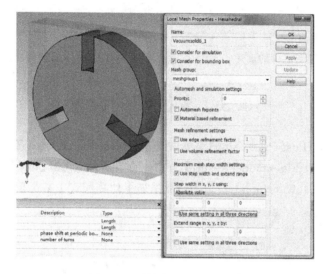

图 10-3　设置真空部分的网格

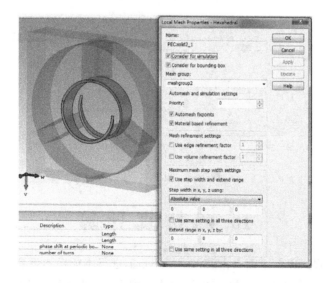

图 10-4　设置内导体的网格

图 10-5 给出了边界条件的设置对话框,该结构在 x、y 方向设置为电壁,由于在 z 方向为周期,所以在 z 方向设置为周期边界条件。图 10-6 定义了变量 phase,在进行参数扫描时,通过改变 phase 来计算结构的色散曲线。

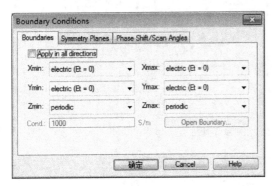
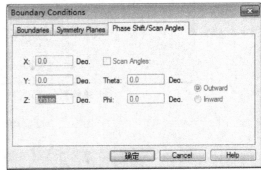

图 10-5　边界条件的设置　　　　　　图 10-6　z 方向的相位变量的定义

10.3　本征模的设置

在 CST 上方的【Post Processing】菜单中选择【Result Templates Tools】→【2D and 3D Field Results】→【3D Eigenmode Result】,如图 10-7 所示,点击【OK】后,在窗口中点击【Evaluate】,则在【Result Templates Tools】下添加了计算模式 1 本征模的选项。

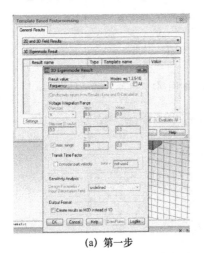
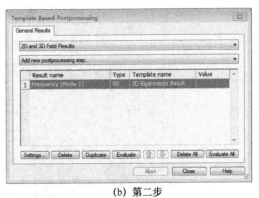

(a) 第一步　　　　　　　　　　　(b) 第二步

图 10-7　设置本征模 1

10.4　仿 真 计 算

在【Simulation】选项卡里面点击【Setup Solver】,进行本征模的设置,如图 10-8 所示,然后点击【Par. Sweep…】,对变量 phase 设置为从 $0°$ 到 $180°$,每隔 $10°$ 进行参数扫描。

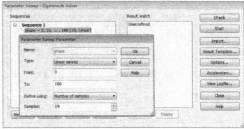

(a) 第一步   (b) 第二步

图 10-8 本征模 1 的仿真设置

设置完成后,点击【Start】开始仿真。这里要说明的是,如果设置的相位是从 Phase＝0 开始参数扫描的,则在仿真过程中会报错,如图 10-9 所示,不用管它,点击【OK】继续即可。

图 10-9 参数报错提示框

仿真运行完后,在左侧结构树中的【Table】→【0D Results】,可以查看计算结果。选择【Post Processing】→【Import /Export】→【Plot Data(ASCII)】,可以将结果保存为 txt 格式,待处理。

以上是对第一个模式进行的求解。下面对剩余的几个模式也进行仿真,设置如图 10-10 所示。在【Simulation】选项卡里面点击【Setup Solver】后,将【Modes】一栏的数值改为 2。然后,点击【Par. Sweep…】→【Result Template】,选中【Frequency(Mode 1)】,点击【Setting】,将【Frequency】一栏的值改为 2。

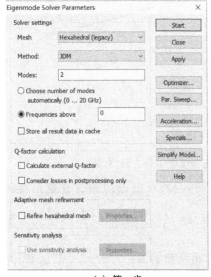

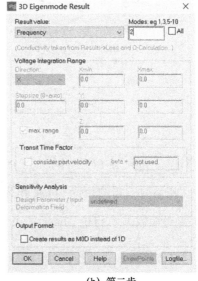

(a) 第一步   (b) 第二步

图 10-10 设置第二个本征模

同理,剩余的模式 3 和模式 4 也可由同样的方式计算,将 4 个模式下的计算结果保存后,可以在 Origin 软件中处理数据。

打开 Origin 软件,如图 10-11 所示,点击【File】→【Import】→【Multiple ASCII ...】,将 4 个模式的数据结果导入 Origin 中。

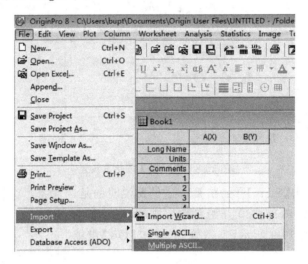

图 10-11　将计算的 4 个本征模导入 Origin 中

将第一列设置为 x 轴。选中所有列,单击右键→【Plot】→【Line】,绘制图形,将曲线进行调整后的图形如图 10-12 所示。

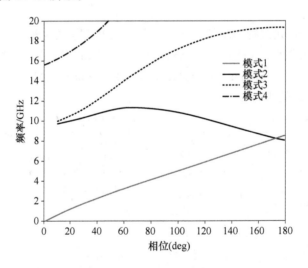

图 10-12　在 Origin 中绘制的 4 个本征模的曲线图

图 10-12 用参数扫描的相位 phase 作为横坐标,在色散曲线中通常采用传播常数 k 作为横坐标。传播常数 k 与相位 phase 的关系为: $k = \dfrac{1}{2} \cdot \dfrac{\text{phase}}{180°} \cdot \dfrac{2\pi}{a}$,其中 a 表示结构的周期。通常, $\dfrac{2\pi}{a}$ 可以作为 k 的单位,所以 k 可以用相位表示为 $k = \dfrac{\text{phase}}{360°} \cdot \dfrac{2\pi}{a}$。在 Origin 中,可以直接将相位转换为传播常数 k。具体设置为:选中第一列,设置第一列的列值,输入计算公

式 col(a)/360，如图 10-13 所示。这样横坐标就变成传播常数 k 了，得到的曲线如图 10-14 所示。

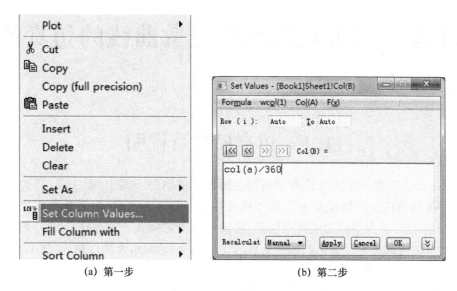

(a) 第一步   (b) 第二步

图 10-13 将横坐标的相位转换为波数 k 的 Origin 处理过程

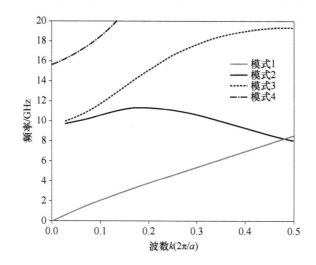

图 10-14 采用波数 k 作为横坐标的 4 个本征模的曲线图

第 11 章　二维周期结构色散曲线的仿真流程

11.1　仿真模型及说明

图 11-1 给出了用于计算二维周期结构色散曲线的模型。其中,图 11-1(a)为俯视图,图 11-1(b)为侧视图。该模型是由介质和理想导体(PEC)组成的,中间是介质块,两边是 PEC 片,每块 PEC 片与导体之间都有间隙,两块 PEC 片之间由一个圆柱形 PEC 通道相连。具体参数为:结构在 x 和 y 方向的同期长度为 $x_s = y_s = 15$ mm,介质厚度 h_s 为 1.6 mm,相对介电常数 $\varepsilon_r = 4.5$,损耗角正切 $\tan \delta = 0.025$;PEC 片在 x 和 y 方向的长度为 $x_2 = y_2 = 14$ mm,厚度 t_m 为 0.035 mm;PEC 通道的半径为 0.5 mm。

在二维周期结构的色散图中,通常涉及 3 个方向上的相位变化,标记为 Γ 到 X、X 到 M 和 M 到 Γ,称之为"布里渊区",布里渊区通常采用 x 和 y 方向的相位来描述:

$$\begin{cases} \text{phase-}x \\ \text{phase-}y \end{cases}$$

其中第一组为 Γ 到 X:

$$\begin{cases} \text{phase-}x{:}0 \text{ to } 180\text{deg.} \\ \text{phase-}y = 0 \end{cases}$$

第二组为 X 到 M:

$$\begin{cases} \text{phase-}x = 180 \\ \text{phase-}y{:}0 \text{ to } 180\text{deg.} \end{cases}$$

第三组为 M 到 Γ:

$$\begin{cases} \text{phase-}x{:}0 \text{ to } 180\text{deg.} \\ \text{phase-}y{:}0 \text{ to } 180\text{deg.} \end{cases}$$

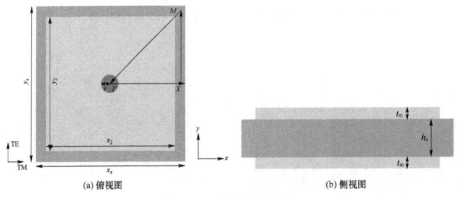

(a) 俯视图　　　　　　　　　　　　　　　　(b) 侧视图

图 11-1　二维周期结构图

本章首先给出如何用 CST 来进行二维结构的色散曲线的仿真,之后给出如何采用 HFSS 仿真软件来对同样的结构进行色散曲线的仿真。

11.2 采用 CST 仿真色散曲线

打开 CST 软件,点击【New Template】,选择【MW&RF&OPTICAL】→【Periodic Structures】→【FSS,Matameterial-Unit Cell】→【Dispersion Diagram】→【Eigenmode】,如图 11-2 所示。点击【Next】后设置模型的单位,如图 11-3 所示。

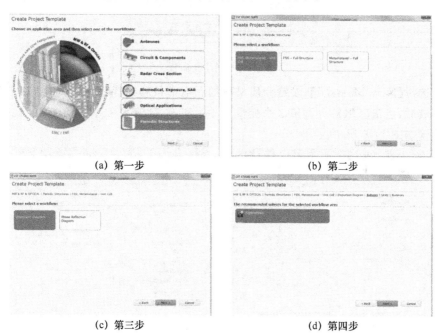

(a) 第一步 (b) 第二步

(c) 第三步 (d) 第四步

图 11-2 启动 CST 创建二维周期结构

图 11-3 设置模型的单位

设置完成后,在工作界面点击【Brick】,按下【Esc】键,输入坐标变量,如图 11-4 所示。

图 11-4　创建介质板

材料选择【New Material】,设置介质材料的介电常数和损耗角正切,如图 11-5 所示,材料设置完成后,点击【OK】,分别给 3 个变量 x_s、y_s 和 h_s 赋值为 15、15 和 1.6。最后得到的介质板结构如图 11-6 所示。

(a) 介电常数　　　　　　　　　　　(b) 损耗角正切

图 11-5　长方体材料的设置

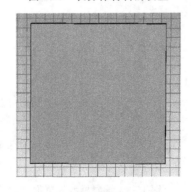

图 11-6　创建介质板结构

点击【Brick】并按下【Esc】键后,创建 PEC 结构,输入坐标变量,如图 11-7 所示,并给变量 x_2、y_2 和 t_m 分别赋值为 14、14 和 0.035,如图 11-8 所示。最后得到的 PEC 金属片的结构如图 11-9 所示。

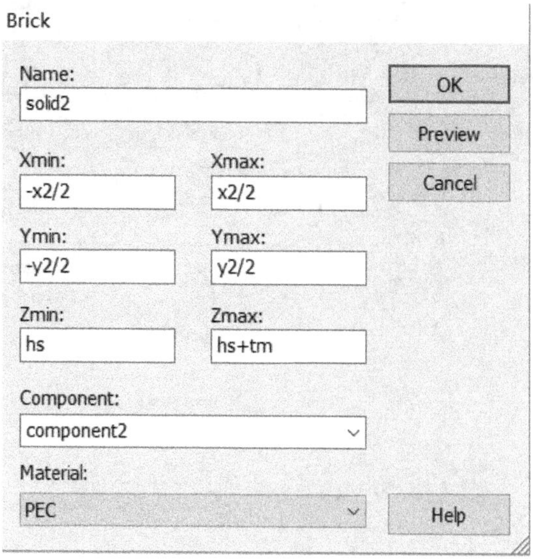

图 11-7　创建 PEC 板

(a) x_2 赋值　　　　　　　　(b) y_2 赋值　　　　　　　　(c) t_m 赋值

图 11-8　给变量 x_2、y_2 和 t_m 赋值

图 11-9　加了 PEC 金属片后的结构

此外 PEC 片还可以通过第一个 PEC 片平移得到,点击【Transform】→【Translate】,勾选【Copy】,输入平移量 hs-tm,如图 11-10 所示。

最后建立一个圆柱形的 PEC 通道,点击【Cylinder】,输入坐标变量,如图 11-11 所示,其中圆柱外半径为 0.5,高度为 $2t_m + h_s$。最终建立好的模型如图 11-12 所示。

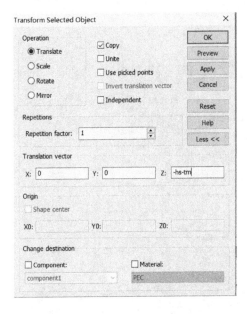

图 11-10 平移 PEC 金属片的设置   图 11-11 建立圆柱形的 PEC 通道

图 11-12 建立圆柱通道后的结构模型

目前模型已经建立完成,背景参数和频率范围的设置如图 11-13 所示。背景材料设置为【Normal】,即真空,背景高度设置为 $0\sim10h_s$,频率范围设置为 $0\sim8\,\mathrm{GHz}$。边界条件和相位的设置如图 11-14 所示。在 x 和 y 方向上设置周期边界条件,在 z 方向上设置电壁。其中由于 x、y 均为周期,需要在【Phase Shift/Scan Angles】中分别定义 x 和 y 方向的相位变量 phase_x 和 phase_y。

在边界条件设置完成后,点击【Setup Solver】,具体设置如图 11-15 所示,其中计算模式【Modes】设置为 1。然后点击【Par. Sweep···】,在【Result Template】中选择【3D Eigenmode Result】。点击【OK】后,首先将 phase_x 的扫频范围设置为 0 到 180 的 19 个点,如图 11-16 所示。最后点击【Start】开始进行相位的参数扫描。

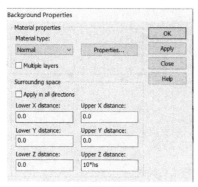

(a) 背景参数

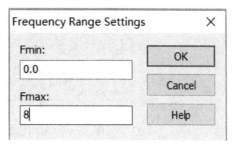

(b) 频率范围

图 11-13 背景参数和频率范围的设置

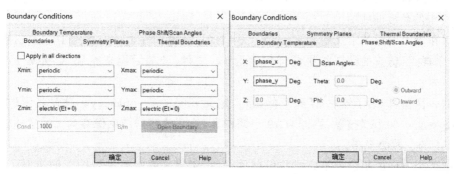

(a) 边界条件　　　　　　　　　　　　　　(b) 相位

图 11-14 边界条件和相位的设置

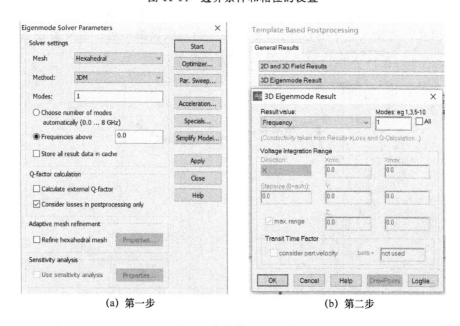

(a) 第一步　　　　　　　　　　　　　　(b) 第二步

图 11-15 本征模的设置

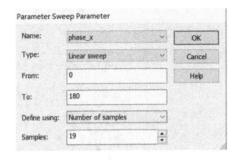

图 11-16　对相位进行扫描的设置

在参数扫描过程中若出现零值的警告,直接点击【OK】继续即可。仿真运行结束后,在结构树的 Table 选项中可以查看仿真结果。具体操作为:点击右键→【Table Properties】→【Export】,导出数据,导出的数据为 txt 格式,保存 txt 文件,这样就可以将其用来绘制 $\varGamma$ 到 X 的模式 1 的色散曲线图了。

此时在参数变量的定义中固定 phase_x＝180°,设置 phase_y 从 0°到 180°的扫参,同样取 19 个采样点,仿真的数据结果同样保存为 txt 文件,处理后用来绘制 X 到 M 的色散曲线图。

最后一次仿真,为了绘制 M 到 $\varGamma$ 的图形,定义 phase_x＝phase_y。设置其中的一个变量 phase_y 从 0°到 180°扫参,同样取 19 个采样点,仿真的数据结果保存为 txt 文件,用来绘制 X 到 M 的色散曲线图。

当把 3 个方向的相位扫描完成并保存数据后,接下来就需要进行图形的绘制了。打开 Origin 软件,导入保存的 3 组数据。其中由于 M 到 $\varGamma$ 的曲线是从 180°变到 0°的,所以导入数据后需要对该组数据进行重新排序。在 Origin 中选中该列,点击右键→【Sort Worksheet】→【Descending】即可。最后绘制的第一个模式的色散曲线如图 11-17 所示。若需要获得模式 2 与模式 3 下的色散图,按模式 1 的步骤设置即可。但需要注意的是,在【Setup Solver】中将模式【Modes】设置为 2 和 3。

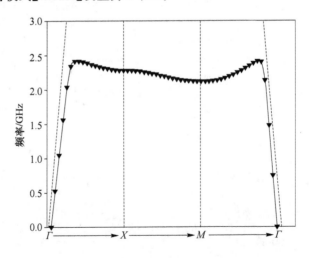

图 11-17　第一个模式色散曲线的绘制

11.3 采用 HFSS 仿真色散曲线

打开 HFSS 工作界面,点击【Insert HFSS design】建立一个 project,接着点击【HFSS】
→【Solution Type】,选择【Eigenmode】,如图 11-18 所示。

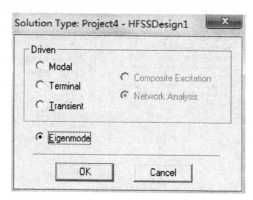

图 11-18 启动 HFSS 的本征模

点击【HFSS】→【Design Properties】,将建模需要的变量添加进去,如图 11-19 所示。

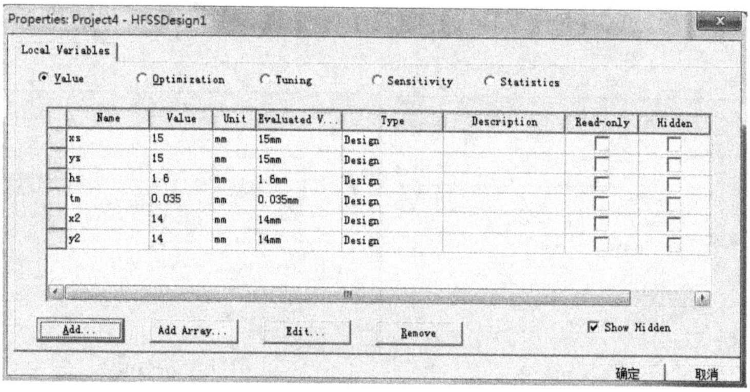

图 11-19 在 HFSS 中定义变量和输入对应的数值

首先建立介质层,在 HFSS 主页上点击【Draw Box】,输入坐标变量,如图 11-20 所示。

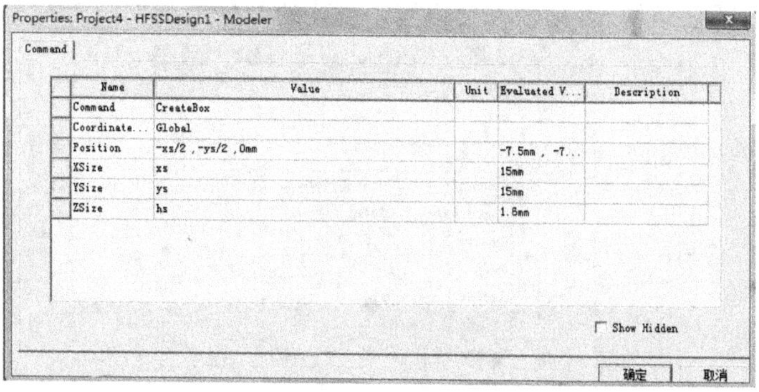

图 11-20 在 HFSS 中建立介质层

介质结构创建完成后，设置介质材料的介电常数为 4.5，损耗角正切为 0.025，如图 $11\text{-}21$ 所示。

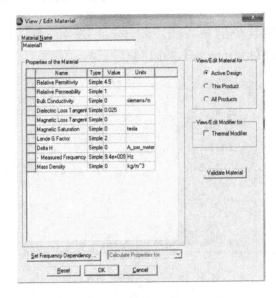

图 11-21　设置介质层的材料参数

建立两个 PEC 片，点击【Draw Box】，输入坐标变量，两个 PEC 片的坐标参数如图 $11\text{-}22$ 所示。

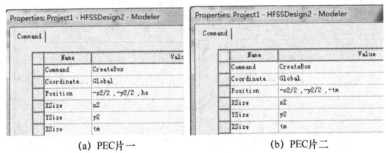

(a) PEC片一　　　　　　　　　　　(b) PEC片二

图 11-22　创建介质层两侧的 PEC 片

在 HFSS 中，要创建连接 PEC 的圆柱，需要先在介质层中挖出一个与圆柱形通道大小相等的洞，再建立圆柱结构，否则软件会报错。创建的圆柱结构如图 $11\text{-}23$ 所示。

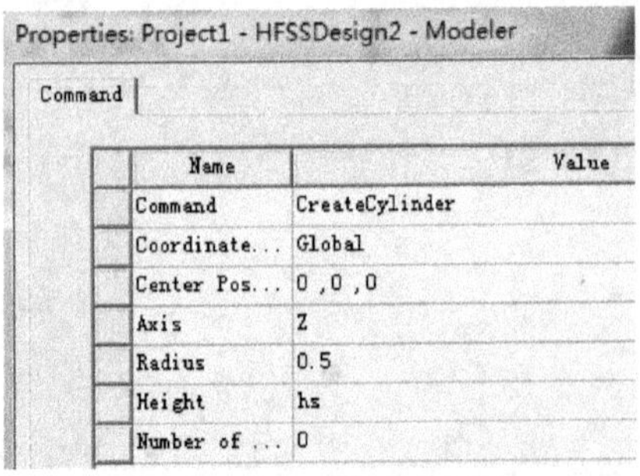

图 11-23　创建圆柱结构

建立好圆柱体后,用介质层减去该圆柱体就可以得到圆柱孔洞了。然后,在原处再建立同样一个圆柱体,或者在用介质减去圆柱之前,将该圆柱提前复制一个。最后将圆柱体与两个贴片的材料都设置为 PEC,采用加操作得到最终的模型结构,如图 11-24 所示。

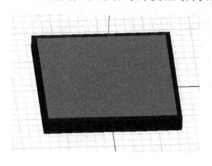

图 11-24 二维周期结构的 HFSS 模型

要得到该结构的色散曲线,首先给模型加上一个空气盒子,点击【Draw Box】,输入坐标变量,如图 11-25 所示,设置空气盒子的材料为 air,也可以根据视觉效果调节其透明度,如图 11-26 所示。

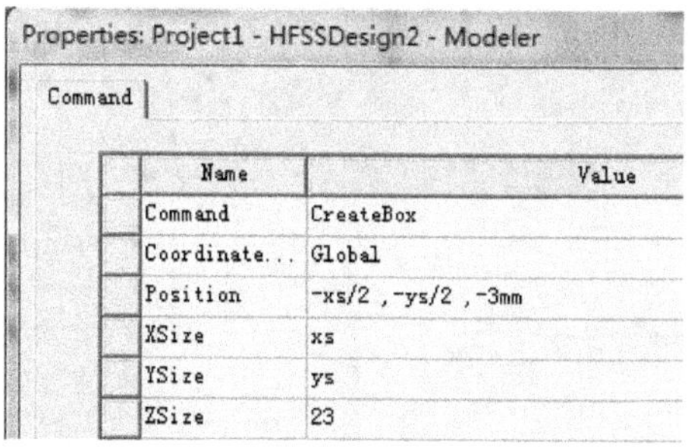

Name	Value
Command	CreateBox
Coordinate...	Global
Position	-xs/2 ,-ys/2 ,-3mm
XSize	xs
YSize	ys
ZSize	23

Properties: Project1 - HFSSDesign2 - Modeler

Command

图 11-25 建立空气盒子

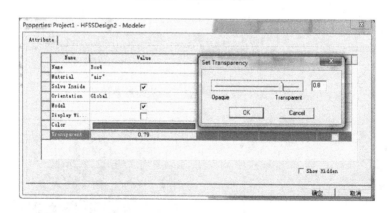

图 11-26 调节空气盒子的透明度

下面对空气盒子的边界条件进行设置。点击右键并选择【Select Faces】。选中空气盒子的一面,点击右键→【Assign Boundary】→【Master】,使用默认名字 Master1,给选择的 Master 1 设置主边界表面 U、V 坐标轴的方向,如图 11-27 所示,设置完成后,可以在工程树中的 Boundaries 节点下看到主边界条件 Master1 的名字。

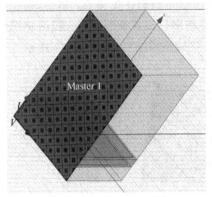
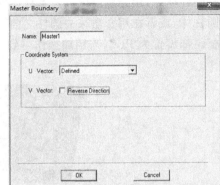

(a) 设置U、V坐标轴的方向   (b) 主边界条件Master1的名字

图 11-27　设置空气盒子的主边界条件

接着,设置与主边界表面相对应的从边界表面,选中与 Master1 相对的一面,点击右键→【Assign Boundary】→【Slave】,如图 11-28 所示,命名为默认的 Slave1,【Master】一栏则选择【Master1】,坐标系一栏注意从边界表面的 U、V 坐标轴要与对应的主边界表面的 U、V 坐标轴完全一致,【Phase Delay】设为【p1】,初始值设为零,如图 11-29 所示。设置完成后得到的模型如图 11-30 所示。

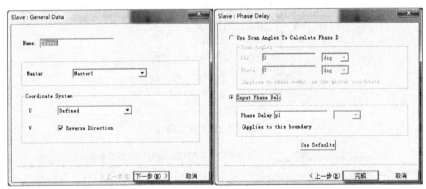

(a) 设置Slave1   (b) 设置相位延迟

图 11-28　设置空气盒子的从边界条件

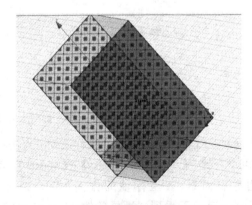

图 11-29　p_1 相位初始值的设置   图 11-30　主、从边界设置完成后的空气盒子

同理,可将空气盒子的另外两个侧面分别设置为主边界 Master2 与从边界 Slave2,相位延迟变量【Phase Delay】设为 p_2,初始值同样设置为零。

当空气盒子四面的主、从边界设置完成后,需要给空气盒子的上、下表面设置为理想匹配层(PML)的边界条件。首先选中空气盒子的上表面,点击右键→【Assign Boundary】→【PML Setup Wizard】,使用 HFSS 默认的数值即可,如图 11-31 所示。利用同样的步骤,可以给空气盒子的下表面加上 PML 层。

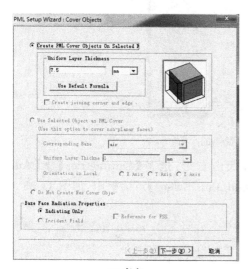

(a) 高度

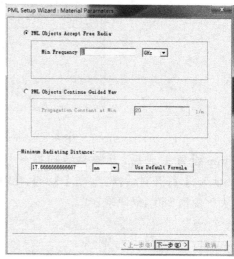

(b) 最小频率

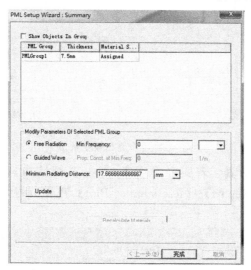

(c) 默认设置

图 11-31 设置空气盒子上表面的 PML 层

模型结构和边界条件设置完成后,在左边的结构树中点击右键,选择【Analysis】→【Add Solution Setup…】,设置 Setup,如图 11-32 所示。模式数可以根据需要自行设置,本例中只计算一个模式。

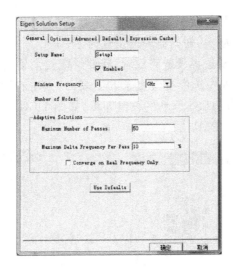

图 11-32　设置本征模的个数

Setup 设置完成后，设置参数扫描变量，点击右键，选择【Optimetrics】→【Add】→【Parametrics】，打开对话框。点击【Add】，在【Add/Edit Sweep】对话框中，如图 11-33 所示，让 p_1 从 $0°$ 变到 $180°$，间隔取 $10°$。

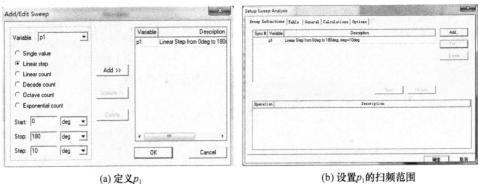

(a) 定义 p_1　　　　　　　　　　　(b) 设置 p_1 的扫频范围

图 11-33　设置扫频变量 p_1

设置完成后，开始仿真。若要查看结果，点击左侧结构树中的【Results】→【Creat Eigenmode Parameters Report】→【Rectangular Plot】，在弹出的窗口中查看本征模的扫频结果，如图 11-34 所示。

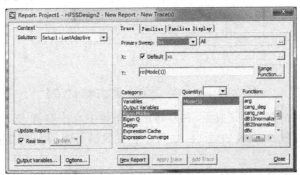

图 11-34　查看本征模的扫频结果

要保存数据,点击【XY Plot 1】→【Export】,弹出的窗口如图 11-35 所示,点击【Browse…】
后可以将文件修改为 txt 格式。

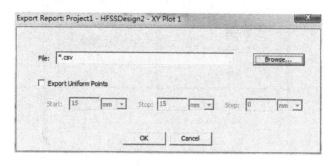

图 11-35 输出并保存扫频结果

采用同样的参数扫频方式,将 p_1 的值设为固定值 180,设 p_2 从 0°到 180°变化,间隔为
10°,仿真后保存数据;最后令 $p_2 = p_1$,设置 p_1 从 0°到 180°变化,间隔为 10°,仿真并保存数
据结果。最终将所用的 txt 文件在 Origin 中进行处理,最后得到第一个模式的色散曲线,如
图 11-36 所示。

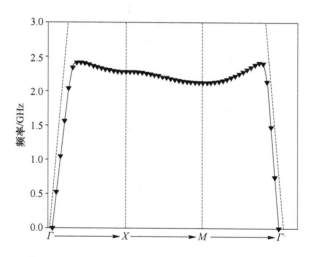

图 11-36 采用 HFSS 得到的第一个模式的色散曲线

11.4 使用 HFSS 计算二维结构的传输与反射参数

色散模式法能够求解二维周期结构的色散特性,但是当电磁波以某种极化方式斜入射
照到该二维周期结构并需要计算含有幅度和相位信息的传输和反射参数时,可以采用
HFSS 中的 Floquet 端口求解,求解后的反射和传输系数以 S 参数的形式显示,与波导端口
的求解方式类似。此外,Floquet 端口允许设计者指定端口处入射波的斜入射角以及极化
方式,并从求解结果中选择所关心的极化分量。

具体操作如下。

采用使用 HFSS 建立的二维周期结构模型,先点击【HFSS】→【Solution Type】,将原先
的【Eigenmode】改为【Modal】和【Network Analysis】,如图 11-37 所示。

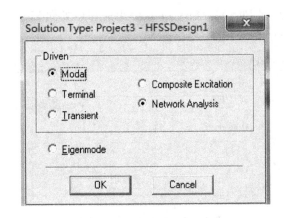

图 11-37　修改 HFSS 的计算模式

　　对二维周期结构传输特性的仿真也需要先设置主、从边界条件,设置方法与上一节相同,所不同的是此处 Master 和 Slave 边界之间的相位差由入射波的极化角 ϕ 和斜入射角 θ 来定义,如图 11-38 所示。定义 Phi 和 Theta 的扫描角分别为 phiang、theang,初始值为零。

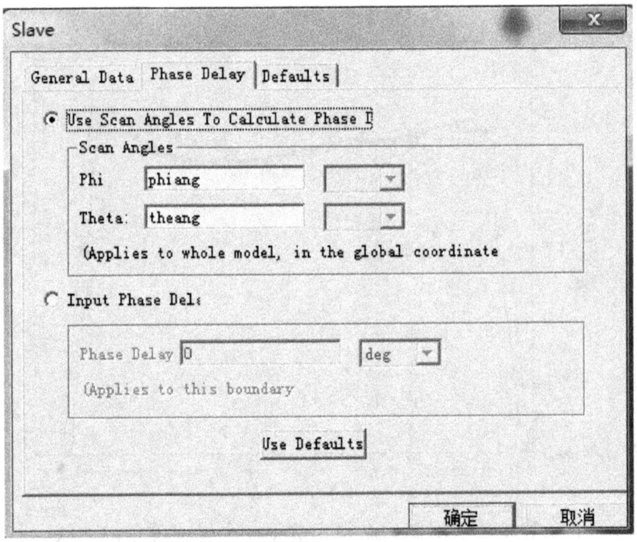

图 11-38　从边界扫描角的设置

　　从边界的扫描角设置完成后,再设置 Floquet 端口。选中空气盒子的上表面,点击右键→【Assign Excitation】→【Floquet Port】,得到的对话框如图 11-39 所示。在【General】中设置【Lattice Coordinate System】,其方法与 Master/Slave 边界条件中设置坐标的方法类似。在【Modes Setup】中设置 mode 数为 1,此时设置 TE 极化波,得到上表面 Floquet 端口,如图 11-40 所示。同理,底部的 Floquet 端口设置方式与上部的相同,在此不再重复。

　　上下两面的 Floquet 端口设置完成后,点击【HFSS】→【Analysis Setup】→【Add Solution Setup】,由于计算的频率范围是 0.1～4 GHz,通常选取中心频率作为求解频率,Setup 的设置如图 11-41 所示。接着选择【HFSS】→【Analysis Setup】→【Add Frequency Sweep】,设置扫频范围为 0.1～4 GHz,如图 11-42 所示。

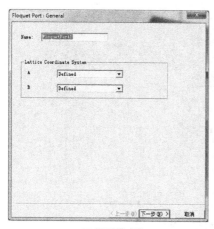

(a) 设置模式数   (b) 设置极化模式

图 11-39 Floquet 端口的设置

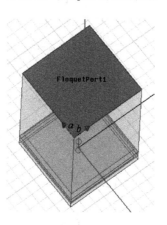

图 11-40 完成上表面 Floquet 端口的设置

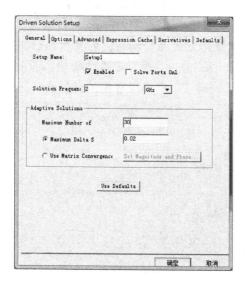

图 11-41 Setup 的设置

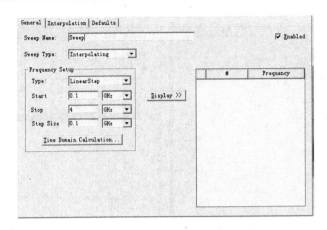

图 11-42　扫频的设置

设置好后，就可以开始仿真了。仿真结束后点击【HFSS】→【Result】→【Creat Modal Solution Data Report】→【Rectangular Plot】，如图 11-43 所示，点击【New Report】后选择计算的反射参数 S_{11} 与传输参数 S_{21}，分别将其导出为 txt 格式，待处理。

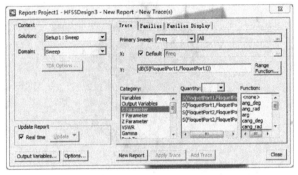

图 11-43　仿真结果的查看

为了能同时查看 TE 与 TM 两种极化状态下的传输与反射曲线，可以修改 Floquet 端口的设置，在两个端口的【Modes Setup】一栏，将 mode 数改为 2，如图 11-44 所示。修改完成后，进行仿真，最后将两种极化方式的传输与反射参数的数据导出为 txt 格式。图 11-45 给出了在 Origin 中绘制的在 theang＝0 时 TE 模的传输与反射曲线。图 11-46 给出了在 Origin 中绘制的在 theang＝50 时 TE 模和 TM 模的反射曲线。

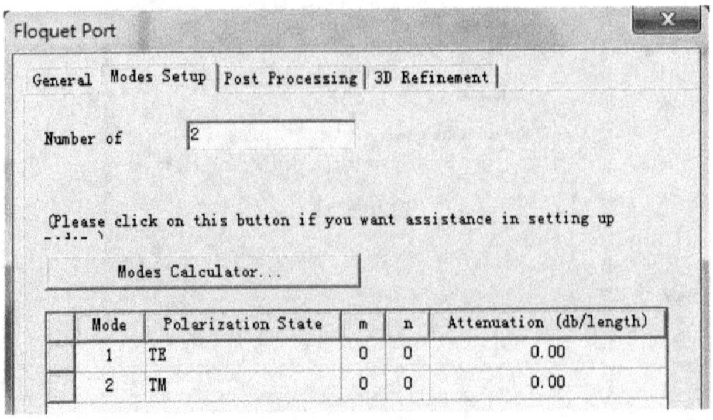

图 11-44　增加极化模式

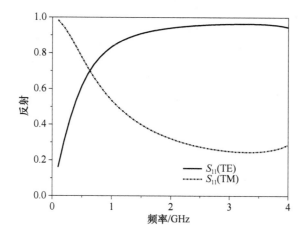

图 11-45 在 theang＝0 时 TE 模的传输与反射曲线

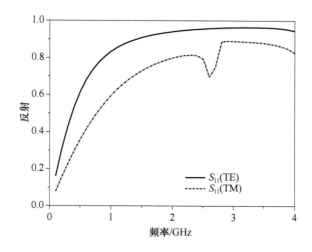

图 11-46 在 theang＝50 时 TE 和 TM 极化方式下的反射曲线

关于扫描角度 theang 的修改，可以通过点击【HFSS】→【Design Properties】来进行，如图 11-47 所示。在修改入射角度 theang 的值，即使 theang＝50 后，再进行仿真即可。

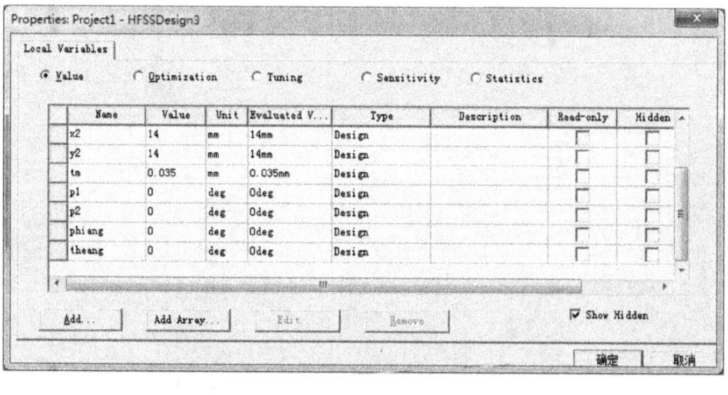

图 11-47 theang 角度的修改